한경지략

탐구히스토리

한경지략

조선 후기 서울의 인문지리역사서

유본예 지음 | 권태익 옮김

漢京識略

柳本藝

탐구당

首善全圖

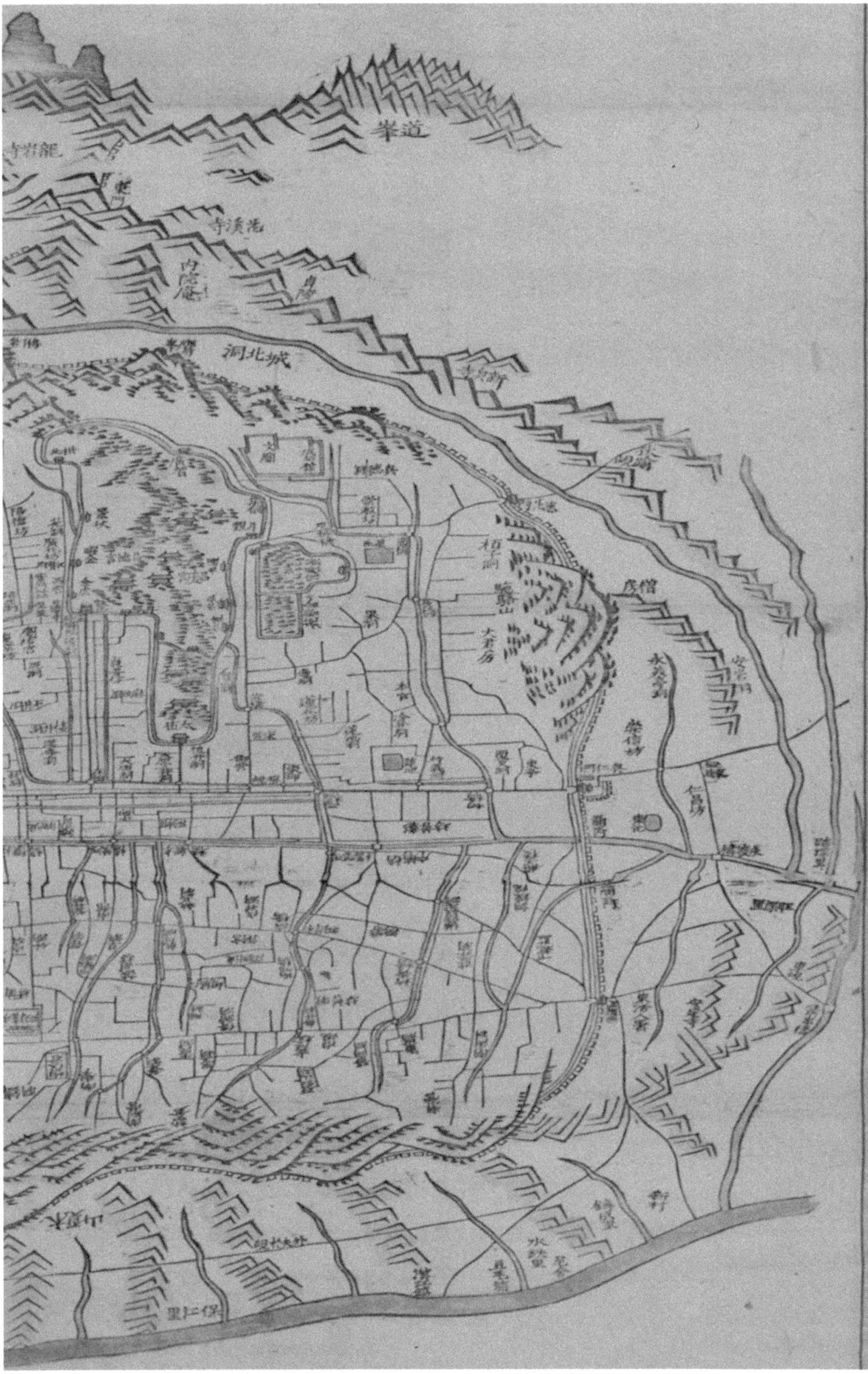
道峯
龍岩寺
花溪寺
城北洞
仁昌坊

한경지략 서序

서울 도성의 사적을 기록한 것은 대개 한韓나라의 삼보황도三輔黃圖와 양경부兩京賦에서 시작하였다. 그리고 송宋나라에는 송민구宋敏求의 장안지長安志와 맹원로孟元老의 경동몽화록京東夢華錄이 있고, 명明나라 시대에는 손승택孫承澤의 춘명몽여록春明夢餘錄과 주죽타朱竹坨의 일하구문日下舊聞이 있고, 근대에 와서는 오장원吳長元의 신원지략宸垣識略에 제왕帝王의 서울 사적이 자세하게 기록되어 있지 않은 것이 없다.

우리나라에 와서는 신라와 고려 이하는 모두 이런 것이 없었고, 고려시대의 도성과 궁궐의 제도만이 겨우 서경徐兢의 고려도경高麗圖經에서 찾아볼 수 있고, 우리 조선시대의 궁전의 제도는 단지 동월董越의 조선부朝鮮賦로서 약간 알 수 있다. 그러나 남의 나라 사신이 잠깐 지나가면서 보고 들은 것이, 도리어 그 곳에 원래 살고 있던 사람보다 나을 수 있겠는가? 비록 지금 한 개의 작은 현읍縣邑이라도 꼭 읍지邑誌가 있는데, 더군다나 당당한 국가의 수도로서 오래도록 기록한 문서가 없어서 되겠는가? 실로 그 까닭을 생각하여 보면, 만들고 만들지 못한 것은 책이니, 무슨 별다른 이유가 있으랴.

내가 도성 안에서 나고 자라서 약관 시절부터 서울의 고사故事에 뜻을 두고 모든 서적 가운데에 서울 사적에 관계되는 것을 하나하나 뽑아내었으나 책을 만들지 못하였고, 또 수십 년 동안 규장각 도서의 교정하는 직책에 골몰하여 옛날의 학문에 소홀한지가 오래되었다. 근일에 와서 어쩌다가 책장 속에 옛날에 기록한 것이 뭉치뭉치 묶여 있는 것을 보고 마음속으로 생각하다가, 왈칵 나오는 생각에 일찍이 마음먹었던 것을 이루지 못하고 옛날 뽑아 둔 것에 애썼던 것을 한탄하여 드디어 여지승람輿地勝覽을 근거로 하되, 서울의 오부五部 경계 안만 확정하기로 하고, 또 한편 다른 서적과 직접 보고 들은 것 이외에 혹은 옛날 노인들과 박식한 학자들에게 질문하여 몇 책을 만들고 〈한경지략漢京識略〉이라 제목하였다.

궁궐 안에 있는 집들은 일반 사람들이 자세하게 알기 어려우므로 여지승람이나 신원지략의 예를 그대로, 단지 무슨 집은 무슨 전殿의 동편이나 서편에 있다 하였다. 마치 천문도天文圖에 자징원紫微垣 가운데의 무슨 별은 무슨 별의 남쪽이나 북쪽에 있다 하여 밑에서도 또한 이리저리 성좌星座로 버려 있는 것을 보아서 그 이름을 알 수 있는 것과 마찬가지이다.

어허! 우리나라가 도읍을 정한 지 수백 년이 되어서 금성金城 탕지湯地의 땅에 자리를 잡아 옛날 역사와 아름다운 제도가 한없이 많되, 다만 문헌이 구비되어 있지 못한 것이 한스럽다. 여지승람에도 먼저 동월의 조선부를 싣고 또 우리나라 사람들이 읊은 시들을 많이 실었으되, 그 사실은 역시 자세히 알지도 못하며, 더군다나 여지승람은 중종 때 만들어서 여태껏 속집續集을 하지 못한 것이 실로 잘못된 것이다. 혹시나 뒤에 여지승람을 속집하는 자로 하여금 내 지략을 뽑아다가 보충한다면 이것이 나의 원하는 바이다.

경인년(순조 30년, 서기 1890년) 2월 하순에

수헌거사樹軒居士(유본예의 당호) 씀.

차 례

한경지략 제2권

한자원문은 서울대학교규장각한국학연구원 '홈페이지(http://kyujanggak.snu.ac.kr)→자료검색→원문자료검색'에서 검색창에 "한경지략"을 써넣으면 찾아보실 수 있습니다.

한경지략

제1권

漢京識畧

卷之一

천문天文

북두칠성의 여섯째 별이 개양성開陽星이라 하는데 중국 연나라를 맞았고, 또 기미성箕尾星이 연경의 분야라 하면 우리나라는 연경과 같은 분야이다. 그런데 문헌비고文獻備考에 씌어 있기를, 「한양漢陽은 북극보다 높기가 37도 39분 15초라」 한다.

숙종 39년(1718년)에 청나라 사람 목극등穆克登이 오관사력五官司曆을 데리고 와서 실측한 것이다. 원사수시력元史授時曆에는 고려를 북극에서 38도 4분도의 1이 높다 하였다. 이제 서쪽 위도 360으로 덜게 되면 37도 41분 하고도 남음이 있으니, 새로 측량한 것과 다른 바가 많지 않다.

제소남齊召南의 수도제강水道提綱에 이르기를, 「한양의 서울은 동쪽으로 양양襄陽까지 동경 23도 6분이며, 북위 37도 5분이고, 서쪽으로 강화까지 동경 9도, 북위 37도 4분이라」 하였다.

상고해보면 제소남은 청나라 사람이며, 그가 저술한 수도제강은 천하의 수도를 모두 말하였다. 그리고 반계磻溪 유형원柳馨遠이 일찍이 우리나라의 분야를 말하기를 "한강물 이북은 당연히 연경燕京과 함께 기성箕星과 미성尾星이 되고, 한강 이남은 당연히 기성과 두성斗星과 같다고 해서 혼자만이 알고 있는 견해"라 하였다.

연혁沿革

한양의 도성은 고조선의 지역이다. 백제시대에 북한성北漢城이 되었다. 근초고왕近肖古王이 남한南漢에서 도읍을 옮기고 150년을 지내고, 개로왕蓋鹵王 때에 고구려 장수왕長壽王이 공격해서 점령하고 북한산군北漢山郡으로 두었다가 곧 남평양南平壤이라 이름을 고쳤다. 신라 진흥왕眞興王 때에 다시 북한산주北漢山州로 하였고, 경덕왕景德王 때에 한양군漢陽郡이라 고쳤다. 고려 초기에 양주楊洲라 고치고 성종이 양주 좌신책군左神策軍을 두고 해주海州에 우신책군을 두어서 좌우 두 방위군을 삼았다. 현종 때에는 강등해서 지양주사知楊州事로 하고 문종 때에는 남경南京으로 올렸다. 숙종 때에 김위제金謂磾가 도선道詵의 비결에 의해서 남경으로 도성을 옮기기를 청하여 궁궐을 건축하고 때때로 와서 돌아보았다. 충렬왕은 한양부漢陽府로 고쳤다. 조선 태조 3년에 서울을 도성으로 정하였다. 동으로는 양주목楊州牧 경계 10리에 이르고, 남으로는 과천현果川縣 경계 10리에 이르고, 서로는 고양군高陽郡 경계에 이르고, 북으로 양주목 경계 10리에 이르렀다.

고려사高麗史에 보면 공민왕 5년에 중 보허普虛가 참서讖書를 가지고 말하기를 "한양에 도읍을 정하게 되면 36국이 와서 조공한다." 하였다. 왕이 그 말을 믿고 한양의 궁궐을 크게 수리하였다. 이래서 민심들이 흔들려서 모두 챙겨 남쪽으로 향하여 가는 사람들이 저자에 모이는 것 같았다. 법 맡은 관원으로도 금지할 수 없었다. 9년에 남경으로 도읍을 옮기려고 태묘太廟 자리를 잡으려 하니 좋지 못해서 끝내 옮기지 못하였다. 그래서 왕이 친히 행행行幸해서 백악산白岳山 남쪽에 터를 잡고 궁궐을 건축하고 신경新京이라 일컫고 11월에 이리로 옮겼다. 또 조야회통朝野會通에는 고려 숙종이 도읍을 옮길 때에 윤관尹瓘 등을 보내서 살펴보고 오게 하니, 돌아와서 주계奏啓하기를 "삼각산三角山 백악의 남쪽에 산수의 국세가 옛 비방秘方과 부합되오니 청컨대 주룡산맥에 임좌壬坐로 도성을 쌓고 남경南京이라 하며, 오얏나무를 심고 이李가의 성 가진 사람을 골라서 남경 윤尹을 삼고 또 한 해 한 차례씩 행행하시어 용봉장龍鳳帳을 땅에 묻어서 지기地氣를 누르소서." 하였다.

태조가 처음에 도읍을 정하려고 계룡산鷄龍山에 행차하니 참판 유관柳觀이 도읍을 결정할 논의를 올리고 말하기를 "계룡산에 도읍을 정하려 하니 백성들이 모두 걱정하고, 지금 한양으로 옮기려 하니 백성들이 모두 기꺼워합니다." 하고, 또 말하기를 "한양은 형세, 토지, 도리道里, 수로가 송도松都와 비슷하며, 민심으로 보더라도 한양은 실로 하늘이 명령한 도읍지이옵니다." 하니 태조가 그대로 따르고 정도전鄭道傳, 남은南誾, 이직李稷 등을 시켜서 집터를 고르게 하였다.

고려 때 세운 궁궐 기지基址는 비좁아서 다시 그 남쪽을 고르게 하여 해亥 방위 산을 주룡으로 임좌병향壬坐丙向으로 장하고, 청성백靑城伯과 심덕부沈德符를 시켜서 그 역사를 통솔하게 하였다. 이듬해 9월에 태묘太廟와 궁궐이 낙성되어 이 달에 새 궁궐로 옮기었다.

또 한구암韓久庵의 동국지리지東國地理志에는 「남경은 지금 경도京都이다. 고려 숙종 때에 김위제가 도선의 비결에 의거하여 "양주에 목멱양木覓

壤이 있는데 도성을 세울 수 있다하였으니 도읍을 옮기기를 청하옵니다."
하고 일자日者 문중文衆이 따라서 찬성하니 숙종이 친히 가서 보고 평장사平章事 최사취崔思諏와 지주사知奏事 윤관尹瓘에게 그 역사를 맡아 보게 하여 남경으로 삼았다」 하였다.

요새 사람들이 경사京師를 서울徐鬱이라 하는 것은 신라의 옛 이름이 서야벌徐耶伐이라서 뒤에 사람들이 경도를 서벌徐伐이라고 하여 뒤에 변해서 서울이라 하였다.

형승形勝

고려사高麗史에 이르기를 「한양은 북쪽으로 화산을 의거하고[北據華山], 남쪽으로 한수에 다다르고[南臨漢水], 토지가 평탄하고[土地平衍], 백성들이 번화하다[富庶繁華]」 하였다.

여지승람에 이르기를 「북쪽으로 화산을 배경으로 마치 용이 서린 듯 뱀이 버티고 앉은 형세가 있으며, 남쪽으로는 한강이 빙 둘리고 왼쪽에는 대관령大關嶺이 막아 있고, 바른편에는 발해渤海가 둘리어 있어서 그 형승이 조선 땅에서는 으뜸이니 실로 산하山河가 험고險固한 곳이라」 하였다.

명나라 동월의 조선부에 이르기를 「임진강臨津江을 건너서 파주가 곧 다다랐다. 멀리서 한성을 바라보니 아름다운 기운이 높이 뜬다. 벽제역碧蹄驛을 지나서 홍제원弘濟院에 이르니 이것이 왕경王京이라 하는데, 동쪽에 높이 솟아 있다. 삼각산 높은 것이 눈앞에 전개되고(삼각산은 즉 왕경의 내용來龍인데 산세가 제일 높고 도성이 그 산 중턱에 있다. 비스듬히 바라보니 울룩불룩한 것이 마치 톱니 같다.—著者 註), 많은 소나무의 푸른 것이 그늘을 지었다. 북쪽으로 천 길이나 되는 산세를 둘렀으니 어찌 천만 명 군사만 제압할 뿐이며, 서쪽으로 한 관문을 바라보니 길이 말 한 필만 통할만하다(홍제원에서 동쪽으로 5리를 못 가서 천작天作으로 관문이 되었는데, 북으로 삼각산과 연접하고 남으로 남산과 연접되어 말 한 필만 통할만한 것이 험하기를 이보다 더할 수 없다.—저자 주). 산이 성 밖을 둘러서 날개를 펼치고 날아가는 봉황이 광경을 살피는 것 같고(동쪽으로 모든 산을 살펴보니 산세가 팔짱을 끼고 둘러선 것 같다.—저자 주), 모래가 소나무 뿌리에 쌓였으매 허여스름한 것이 마치 눈 오다가 갠 것 같다(삼각산에서 남산까지 산 빛이 모두 허여스름하면서 약간 불그스름해서 마치 눈이 덮인 것 같다.—저자 주)

명나라 사신 예겸倪謙의 누각에 올라서 지은 부[登樓賦]에 보면 「북악산은 드높아 궁전이 더욱 찬란하고 남산 봉우리는 앞에 치솟아 성곽이 사방으로 둘려 있다. 높은 암벽은 굼틀굼틀 서쪽으로 가로막고 겹겹 산봉은 빙 둘러 동쪽으로 달렸다. 개천開川 물이 하늘을 비쳐서 은색 무지개가 드리운 듯하고 한강물이 늠실거려서 발해渤海로 돌아간다」 하였다.

차천로車天輅가 지은 오산설림五山說林에 보면 「조선 태조가 왕위에 오른 뒤에 팔도 감사들에게 유교諭敎를 보내서 신승神僧 무학無學을 찾아오게 하여 스승의 예로 대우하고 새나라 도성을 정할 일을 의논하니, 무학이 한양을 터 잡고 하는 말이 "인왕산을 배경으로 하고 백악과 남산을 좌청룡, 우백호로 하는 것이 좋다." 하니, 정도전이 반대해서 말하기를 "옛날부터 제왕들은 모두 남향으로 앉아서 나라 정사를 하였으며 동향한다는 말은 듣지 못했노라" 하니, 무학의 말이 "내 말대로 하지 않으면 2백년 뒤에야 내 말을 생각하게 되리라" 하였다.」

상고해보면 2백 년째는 즉 선조 임진년인데 왜구들이 쳐들어왔을 때 도성이 헐려버려서, 그 말이 과연 맞았다 한다.

성곽城郭

도성都城

둘레가 9975보이며, 높이가 40자이다. 이수로 계산하면 40리다. 혹은 14,575보라고도 한다.

조선 태조 5년에 민간 인부 20만 명을 징발하여 영삼사사領三司事 심덕부가 성벽 쌓는 것을 감독하였다.

세종 4년에 각 도의 인부 30만 명을 동원하여 성을 다시 수축하고 사방에 여덟 개의 대소문을 세웠다. 동대문은 홍인문인데 현판에는 〈홍인지문興仁之門〉이라 썼고, 남대문은 〈숭례문崇禮門〉이다. 남효온南孝溫이 지은 추강냉화秋江冷話에 보면 숭례문 현판은 태종의 세자이던 양녕대군의 글씨라 하였다. 전설에 보면 이 현판을 임진왜란 때에 잃어버렸다가 광해 때에 남대문 밖 청파靑坡 배다리 개천 가운데 밤에 서기가 비쳐서 파내어 다시 건 것이 그것이라 한다. 서대문은 돈의문敦義門, 북문은 숙정문肅靖門이라 한다. 동북편에 있는 것은 혜화문惠化門이라 한다. 처음에는 홍화문弘化門이라 하였다가 성종 14년에 창경궁 동문을 홍화문이라 하여 중종 6년에 두 문이 이름이 같아서 부르기에 혼란하므로 혜화문이라 고쳤다. 보통 동소문이라 한다. 그리고 서북편을 창의문彰義門이라 하고, 동남편을 광희문光熙門, 서남편을 소의문昭義門이라 한다. 이 문은 보통 서소문이라 한다.

또 동남편에 옛날 소덕문昭德門이 있었는데, 지금은 없어졌다. 보통 남소문이라 하였다.

성첩을 각 영문에서 갈라서 책임지게 한 것은 영종(영조) 때부터 시작하게 되었다. 돈의문에서 창의문까지는 훈련도감訓練都監이 맡아보고, 숭례문에서 남소동南小洞 표석 있는 데까지는 금위영禁衛營이 맡고, 남소동 표석에서 홍인문까지와 다시 응봉鷹峯 숙정문까지는 모두 어영청御營廳이 맡았다. 성 지키는 규례[守城節目]가 쓰인 책자가 있다. 동소문, 서소문에는 옛날 문 위에 다락이 없던 것을 영종 27년에 금위영을 시켜서 서소문 문루를 세우고 현판을 〈소의문〉이라 하고, 어영청을 시켜서 동소문 문루를 짓고 현판을 〈혜화문〉이라 하였다. 조명리趙明履의 글씨다.

생각건대 우리나라는 산이 많고 들판이 적으므로 평지의 성은 없고 비록 서울의 도성이라도 모두 산등성이를 이용해서 성을 쌓았다. 명나라에서 나온 사신 동월의 조선부에 보면 「성곽은 모두 높은 산 위에 쌓았고, 간혹 언덕과 산머리에 나와서 나는 듯한 성첩이 솟아 있다」 하였고, 또 이르기를 「홍제동에서 동쪽으로 5리를 못 가서 천작天作으로 생긴 관문이 북쪽으로는 삼각산과 연하였고, 남쪽으로는 남산과 연접해서 그곳으로 말 한 필 통할만한 길이 험하기를 더할 수 없다」 하였으니 이것은 즉 모래재[沙峴]로서 서북도에서 서울로 들어오는 병 모가지 같은 관문이다. 참으로 천작으로 만든 금성탕지金城湯池(견고하다는 뜻)의 땅이나 성 동편으로 물이 흘러가는 수구水口가 있고, 동쪽이 약간 낮다. 그러므로 조산造山을 만들고 동쪽의 허함을 막기 위하여 버들을 많이 심었다. 이것을 식목소植木所라 일러 봄이 되면 풍치가 볼만해서 성 안 사람들의 놀이터가 되었다. 성 동쪽에는 주로 군인과 그 가족들이 살고 있다.

도성은 둘레가 대략 40리나 되며, 봄과 여름철에는 성 안 사람들이 짝을 지어 성 둘레를 따라서 한 바퀴 돌면서 성 안팎의 경치를 구경한다. 한 바퀴 돌자면 하루해가 걸린다. 이것을 순성巡城놀이라 한다.

경도잡지京都雜誌에 보면 「도성을 한 바퀴 빙 돌아서 도성 안팎의 화류花柳 구경을 하는 것이 멋있는 놀이인데, 새벽에 출발해야 저녁 종 칠 때에 다 볼 수 있다. 산길이 깎은 듯 험해서 지쳐서 돌아오는 사람이 많다」 하였다.

성문 안에 언월도偃月刀를 꽂는 것은 영종 때 영성군靈城君 박문수朴文秀가 처음으로 준례를 냈다. 호군부장청護軍部將廳은 성문 안에 있으며, 수문장이 입직해서 새벽과 저녁에 성문의 열고 닫는 것을 보살폈다.

또 고려사에 보면 「남평양(한양의 옛 이름)은 북으로 면악面嶽에 이르고 남으로 사리沙里, 동쪽으로 대봉大峰, 서쪽으로 기봉岐峰에 이른다」 하였다. 지금도 도성이 필시 이 경계대로 돌려쌓은 것일 것이다.

경복궁성景福宮城

서울 도성 안에 있다. 궁성 둘레가 1,873 걸음이며, 높이가 21척이고, 사방에 문을 내었다. 동쪽은 건춘문建春文, 남쪽은 광화문光化門인데 본래 이름은 정문正門이었다. 서쪽은 연추문延秋門이며, 북쪽은 신무문神武門이다.

상고해보면 선조 25년 임진년 왜란 뒤에 궁성은 그대로 있었으나, 타고 없어진 광화문 터에 지금 있는 새문을 세우고 현판을 구광화문舊光化門이라 하였다. 조윤량曺允亮이 현판을 썼다.

저자 미상인 국당배어菊堂排語에 보면 「임진년 전 해인 신묘년 겨울에 서애西厓 유성룡柳成龍이 하루는 꿈 가운데 경복궁 연추문이 불에 탔다. 유공이 그 옆을 거니는데 어떤 사람이 말하기를 "이 경복궁의 지대가 너무 낮으니 지금이라도 다시 궁궐을 지으려면 조금 높은 곳 산 가까운 곳에 세우는 것이 좋을 것이라" 하였다. 유공이 깜짝 놀라 깨었으나, 감히 누구에게도 말하지 않았다. 과연 이듬해 왜적들이 들어와서 궁궐이 다 타버리고 모두들 말하기를 "다시는 회복할 가망이 없으리라" 하였다. 서애가 이 뒤에야 처음으로 친한 사람에게 꿈꾸었던 이야기를 하고, 말하기를 "꿈에 경복궁을 다시 짓는다는 말이 있으니 이것은 회복할 조짐일 것이라" 하였는데, 이듬해 계사년에 과연 적병이 물러가고 왕이 도성으로 다시 돌아왔다.」

궁궐宮闕

경복궁景福宮

북부 관광방觀光坊 백악白岳의 남쪽에 있다. 조선 태조 3년에 궁성을 쌓고 사방 문을 세웠다. 동은 건춘문, 남은 광화문, 서는 연추문, 북은 신무문이다.

○ 근정전勤政殿: 조회와 하례賀禮를 신하들에게 받는 정전이다. 동월의 조선부에 보면 「궁실의 제도는 중국과 같다. 모두 단청을 하였으며, 골기와를 덮었다. 들어가는 문은 세 겹이나마 등불의 휘황함은 없었고, 정전은 복판에 있어서 유리의 창문이 영롱하다. 올라가는 섬돌에는 일곱 층의 층계를 두었으며, 위에 자리를 덮었다. 비단주렴은 8폭의 창문에 영롱하다」 하였다. 이것으로 보면 근정전의 옛날 제도를 대략 짐작할 수 있다.

바로 정문은 근정문勤政門이라 하고, 또 그 다음은 홍례문弘禮門이라 한다. 근정문의 동편문은 일화문日華門, 서편문은 월화문月華門이라 한다. 홍례문 안에는 백운동에서 흘러내려 개천으로 들어가는 개울이 있는데, 이를 금천錦川이라 부르고 동서 양편에 수각水閣이 있다.

○ 사정전思政殿—근정전 북편 바로 뒤에 있다.

○ 강녕전康寧殿—사정전 뒤에 있다.

○ 연생전延生殿 · 경성전慶成殿 · 교태전交泰殿—모두 강녕전 서북쪽에 있다.

○ 비현각丕顯閣—사정전 동쪽에 있다.

○ 인지당麟趾堂 · 자미당紫微堂 · 청연루淸讌樓—모두 교태전 동편에 있다.

○ 융문루隆文樓 · 융무루隆武樓—근정전에 소속된 동서 누각이다. 국가의 법으로 국가에서 간행한 모든 서적은 이 누각에서 보관하게 되어 있다.

○ 경회루慶會樓—사정전의 서편에 있다. 이 누각을 빙 둘러서 연못을 만들고 연꽃을 심었다. 못 서편에 두 개의 섬이 있다.

○ 흠경각欽敬閣—강녕전의 서편에 있다. 여기에 세종 16년에 세종이 연구한 천문의기天文儀器를 보관하게 하였다.

○ 보루각報漏閣—경회루 전면의 남쪽에 있다. 세종 16년에 세웠다. 옛날의 누기漏器(시간 측정기)가 정밀하지 못하므로 다시 만들어서 설치하였다.

○ 간의대簡儀臺—경회루 남쪽에 있다. 세종 14년에 세웠다. 천문을 보는 의기儀器들을 두었다. 여지승람輿地勝覽에는 간의대가 경회루의 서북편에 있다 하였다.

이상 흠경각, 보루각, 간의대에는 모두 김돈의 기문이 있다.

○ 동궁東宮—즉 세자궁으로 근정전 일화문 안에 있다.

○ 문소전文昭殿—경복궁 동편 건춘문 안에 있다. 세종 때 처음 세웠다. 뒤에 침실이 다섯 간이며, 앞에 전殿이 세 간이다. 전 앞에 세 곳의 계단이 있다.

여지승람에는 「앞 전에는 열조왕의 위패가 있는데, 태조의 위패가 복판에 남향으로 있고 동편에 두 위패, 서편에 두 위패가 서로 동서로 향해서 소목昭穆(사당 위패의 수서로 왼쪽은 소, 오른쪽은 목이라 함)으로 되어 있다. 삭망제朔望祭는 뒤 침실에서 거행하고 1년 4명절 대제는 앞 전에 위패를 봉안해서 제향한다.」

◯ 연은전延恩殿—경복궁 안 서북쪽에 있다. 성종이 명나라 황제에게 주청하여 자기 생부인 덕종을 추존하여 회간왕懷簡王이라 하고, 종묘에 배향한 뒤에 이 연은전을 세워서 위패를 봉안하고 문소전의 예에 따라 향사하였다.

국조보감國朝寶鑑에 보면 「태조 4년에 정도전에게 분부하여 새로 이룩한 경복궁 안에 있는 모든 전 이름을 짓게 하고 함께 이름 지은 의의를 써서 올리게 하였다. 그래서 새 궁궐을 경복궁이라 하고 침전을 강녕전이라 했으며, 동소침전을 연생전延生殿, 서소침전을 경성전慶成殿이라 하고, 거처하는 남쪽 전을 사정전, 국정하는 정전을 근정전이라 하고, 정문을 근정문이라 하며, 동서 양편 누각을 융문, 융무라 하고, 남쪽문을 정문이라 하였다」 했다.

선조 25년 임진왜란의 병화 때에 궁궐이 모두 타버리고 다만 옛날 궁성과 근정전 월대月臺며 경회루 돌기둥만 남아 있었다. 궁성 정문 자리에 지금 새 문을 세우고 현판을 〈구광화문〉이라 하였다.

저자미상의 조야기문朝野紀聞에 보면 「세종 8년에 근정전을 중수하는데, 참찬 허조許稠가 주계奏啓하기를 "경복궁을 처음 지을 때 태조께서 궁궐의 단청을 검소하게 하도록 분부하였사오니 전하께서도 너무 사치하게 하지 맙소서. 위에서 사치를 좋아하면 아랫사람들은 더욱 사치가 심하게 됩니다." 하니 세종의 말씀이 "단청에 금을 쓰는 것은 나도 역시 너무 사치스럽게 여긴다." 하고 즉시 감독관에게 분부하여 금을 쓰지 못하게 하였다.」

세종 2년에 처음으로 집현전集賢殿을 두고 글 잘하는 선비 10인을 뽑아 집현전 학사로 정하였다. 그러나 집현전의 집이 있고 없는 것은 알 수 없다.

또 경회루는 서거정徐居正이 지은 필원잡기筆苑雜記에 보면 「어떤 유구국琉球國의 사신으로 왔던 사람이 말하기를 "내가 조선에 와서 세 가지 장관壯觀을 보았다. 첫째는 경회루 돌기둥에 용의 무늬가 둘려 있어서 꿈틀거리는 것 같은 것이며, 둘째는 맨 상좌에 있는 재상의 긴 수염이 희고 풍채가 헌걸차서 노성한 덕망이 있어 보이며, 셋째는 큰 술잔으로 술을 마시면서 수작이 한이 없는 것이라" 하였다. 둘째 상좌의 재상은 당시의 정창손鄭昌孫을 가리키는 것이며, 대음大飮한다는 사람은 사성司成 이숙문李淑文을 가리킨 것이다.」

또 차천로車天輅가 지은 오산설림五山說林에 보면 「구종직丘從直은 시골 사람으로 문과에 급제하여 하루는 분교서관分校書館에 입직하였다. 전부터 경회루가 절승絶勝하다는 소문을 들었는지라 입직한 날 밤에 편복을 갈아입고 두어 문을 지나서 경회루에 당도하여 누 밑에서 거닐고 있었다. 뜻밖에 성종왕이 편여便輿(작은 수레)를 타고 후원에서 갑자기 경회루에 당도하였다. 종직이 당황해서 어찌할 줄을 모르고 수레 옆 길가에 엎드리니 왕이 깜짝 놀라서 "누구냐?"고 물었다. 구종직이 대답하기를 "교서정자校書正子 구종직이옵니다." 하니, 왕이 또 "여기는 왜 왔느냐?"고 물었다. 구종직이 대답하기를 "소신이 전부터 경회루의 옥으로 만든 기둥과 요지瑤池(신선세계의 연못)와 같은 연못이 있어서 신선세계와 같다는 말씀을 듣자옵고 오늘 마침 교서관에 입직하였다가 경회루가 멀지 않으므로 초야에 있던 몸으로 법을 범한 줄 모르고 구경하려 했던 것이옵니다." 하였다.

누각은 불타버리고 아직도 돌기둥만 총총히 서있으나, 옛날 집이 굉장하고 화려했던 것을 알 수 있다. 경복궁 안 늙은 소나무에 백로白鷺가 많이 집을 짓고 새끼를 치고 있어서 먼 곳에서 바라보면 마치 겨울에 눈이 나무에 덮인 것 같다. 지금에는 겨우 위장衛將이 수직하고 있는 집만 있다.

선친께서(즉 柳得恭) 경복궁을 읊은 시에 이런 것이 있다.

경복궁 지날 때마다
왜놈 멸종 못하였음을 한탄하노라.
용트림 돌기둥만 총총히 서 있는데
해태海獅의 난간은 허물어졌구나.
문지기 버들개지 위에 졸고 있고
지나가는 나그네 잔디밭에 앉았네.
돌이켜 당시의 일 생각해 보면
궁문에 패옥佩玉 소리 들리는 듯.

每過此宮歎 曾未滅倭奴
螭柱森總在 獅欄剝欲無
衛兵眼落絮 騷客坐春蕪
緬想古賢輔 端門佩玉趨

또 선친이 지은 춘성유기春城遊記에 보면 경인년(영조 46년) 3월 삼짇날 박연암朴燕巖(이름 趾源), 이청장李青莊(이름 德懋)과 함께 삼청동을 향했다. 창문倉門 돌다리를 건너서 삼청전三清殿 옛터를 찾으니 겨울을 지낸 마른 풀과 나무만 우거져 있고, 이름 모를 풀들이 새로 돋아난다. 모두들 그 풀밭에 앉으니 파란 빛이 옷에 물든다. 이청장이 풀이름을 잘 알므로 내가 풀 하나하나를 뜯어서 물으니 모르는 것이 없었다. 그래서 나도 수십 종의 풀이름을 알게 되었다. 이청장의 박식함이 이렇듯 했다. 석양이 되어서 술을 사다가 마셨다.

이튿날 남산에 올랐다. 장흥방長興坊을 지나서 회현방會賢坊에 이르니 이 근처에 옛날 이름이 있는 재상들의 살던 곳이 많고, 무너진 담장 안에 늙은 소나무와 오래된 회나무가 치렁치렁하다. 높은 곳에 올라서서 백악을 바라보니 산체가 둥글고 끝이 뾰족해서 마치 사람이 모자를 쓴 것 같고, 멀리 바라보이는 도봉道峯은 높았다 낮았다 해서 전통에 화살을 꽂은 듯 필통에 붓을 꽂은 듯하고 인왕산仁王山은 마치 사람이 두 팔을 쭉 벌리고 나는 것 같으며, 삼각산三角山은 마치 여러 사람이 모여 서서 그 중에 키가 큰 한사람이 굽어보는데, 여러 사람의 머리가 그 턱 밑에 닿은 듯하다. 성중의 기와집들은 마치 거무스레한 흙 밭을 새로 갈아엎은 것 같고, 행인들이 오고가는 큰 길은 마치 긴 개울이 들판을 꿰뚫고 물이 굽이쳐 흐르는데, 그 속에서 노니는 물고기들 같이 보인다.

성중의 호구가 팔만이라 하는데, 지금 이 시점에 웃고 울고 노래하고 마시고 먹고 장기 두고 바둑 두고 남의 자랑 남의 비방을 하며, 무슨 일을 하거나 하려는 자를 이 높은 곳에서 한 눈에 보이게 할 수 있다면 한 번 웃음이 터져 나오게 할 것이다.

또 그 이튿날은 태상시太常寺의 동편 언덕에 있는 육조六曹의 누각에 올라 어하御河의 봄버들과 경행방慶幸坊의 백탑白塔이며 동문 밖을 바라보니 아지랑이가 아물거린다. 가장 기이한 것은 낙산駱山 일대의 모래는 흰데 솔은 푸르러서 맑고 아름답기가 한 폭의 그림 같다.

다시 낮은 산 하나가 마치 까마귀의 머리같이 옅은 먹색과도 같이 동쪽에 보인다. 그래서 구름 사이로 멀리 보이는 양주에 있는 산임을 알았다.

이날 저녁에는 술이 너무 과해서 서여오徐如五의 집 살구꽃 나무 밑에서 한참 잤다.

또 이튿날은 경복궁의 남문 안으로 들어가니 석교가 있고 그 동편에 석천록石天祿(해태) 둘이 있고 서편에는 하나밖에 없었다. 비늘과 축 늘어진 갈기가 꿈틀거리는 것 같아서 잘 만든 예술품이었다. 남별궁南別宮 뒤뜰에 이 천록과 똑같은 것이 하나 있는데 등이 뚫려져 있다. 필시 경복궁 석교 서편에 있던 것을 여기로 옮겨 놓은 것 같으나, 문헌에 기록된 것이 없어서 알 수 없다. 다리를 건너서 북쪽으로 들어간 즉 근정전이 있던 옛터에 축대 세 층대가 있고, 축대의 두 귀퉁이에 석견石犬 한 자웅이 있다. 암놈은 새끼 한 마리를 안고 있다. 중 무학이 말한바 남쪽에서 오는 도둑을 향해 짖는 것이며, 개가 오래되어 늙으면 새끼로 대를 이으라 한 것이나, 임진년의 왜란을 면치 못한 것이 돌 개의 잘못 지킨 죄라고나 할까? 아무렇게나 한 말을 믿을 수 없다. 좌우에 있는 용트림한 돌 위에 약간 파인 곳이 있다. 무엇인가 하였더니 근간에 송나라의 역사를 읽다가 이것이 좌우에선 사관士官의 벼룻돌임을 알았다. 근정전 터를 지나서 북쪽에 일영대日影臺가 있고, 일영대를 지나서 서편으로 경회루가 있던 빈 터가 있다. 이 빈 자리가 못 가운데 있는데, 무너진 돌다리가 겨우 건널 수 있어서 떨리는 다리를 가누어 가면서 지나가는데 땀을 흘렸다. 경회루의 남아 있는 돌기둥은 높이가 세 길이나 되고, 모두 48개 중에서 부러진 것이 여덟 개나 되었다. 바깥 줄에 있는 기둥은 네모지고 안 줄에 있는 기둥은 둥글다. 구름과 용의 무늬를 새겨서 앞에서 말했지만 유구국 사신이 말한바 조선에 와서 세 가지 장관 중에 한 가지가 된 것이다.

못물이 파랗고 맑으며 솔솔 바람이 비단결 같은 물결을 보내서 연방蓮房 껍질과 가시연꽃 뿌리[芡根]들이 잠겼다 떴다 흩어졌다가 몰리기도 한다. 작은 붕어 새끼가 물이 얕은 곳에 모여서 물을 들이키면서 노니다가 사람의 발자국 소리를 듣고는 들어갔다가 다시 나오기도 한다. 연못 서쪽에 남북의 두 섬이 있고, 그 섬에는 솔을 심어서 솔이 무성하여 물결을 가리고 있다. 못 동편에는 낚시질하는 사람이 있고, 서편에는 궁지기가 손님과 활을 쏘고 있다. 동북쪽에 있는 다리로 건너가니 거친 풀은 모두 누렇게 말라 있고, 여기저기 흩어져 있는 돌은 모두 옛날의 주춧돌에 혹은 네모 혹은 둥글게 파인 자리가 있다. 이것은 아마 기둥을 세웠던 곳인 듯한데, 빗물이 그 속에 고여 있고 우물이 곳곳에 있으나 물이 말라 있는 곳이 많다. 북편 궁성 안에는 간의대簡儀臺가 있고, 석대 위에는 네모진 옥돌이 하나 있으며, 석대 서편에는 검은 돌 여섯 개가 있다. 길이가 5, 6척이 되며, 넓이가 3척이나 된다. 이 여섯 개에 계속해서 물 흐르는 홈통을 뚫어 놓고 석대 밑에 있는 돌은 벼루 같기도 하고 모자 같기도 하고 허물어진 궤櫃와 같기도 하여 어떻게 사용하였는지 원래의 제도를 알 수 없다. 이곳이 높고 훤해서 북쪽 마을의 꽃나무들을 한 눈으로 볼 수 있다.

동편 궁성을 따라서 삼청동 석벽을 향해서 어정어정 나왔다. 궁성 안에 있는 소나무는 모두 열 길 이상은 되어 보이는데, 학, 해오라기, 가마우지들이 그 위에 서식하고 있다. 순백색도 있고 담흑색도 있으며, 연홍색도 있고 머리에 끈을 드리운 것 같은 것도 있으며, 주둥이가 숟갈 같은 것도 있고 꼬리가 솜 같은 것도 있으며 알을 품고 엎드린 것과 나뭇가지를 물고 들어오는 것들이 서로 시새고 교접하는 것도 있어서 그 끽끽하는 소리가 요란하였다. 소나무 상층의 잎은 거의 말라 버리고 소나무 밑에는 새들의 빠진 깃털과 알 깐 껍질들이 지저분하였다. 따라온 윤생尹生이 돌팔매로 순백색의 새 꼬리를 맞추어 때리니 한 떼가 놀라서 날아가는데 날개가 눈빛 같이 하얗다. 다시 서남쪽으로 가니 채상비採桑碑가 있다. 지나간 정해년에 왕비께서 친잠親蠶하던 곳이다. 그 북편에 거의 메워진 못이 있는데, 즉 내농內農으로 벼 심던 곳이다. 위장소衛將所에 들어가서 차가운 샘물을 떠서 마셨다. 뜰에는 수양버들이 많고, 떨어진 버들개지가 바람에 따라 솜뭉치처럼 뒹굴고 있다. 위장소에서 그 선생안先生案(역대 해당관원 이름 적은 것)을 빌어보니, 호음湖陰 정사룡鄭士龍이 맨 처음이다. 현판에 그가 지어서 써 붙인 시도 있다.

다시 궁궐도宮闕圖를 내어서 상고해 보니 경회루는 원래 35년간이며 경복궁의 남문을 광화문, 북문을 신무문, 서문을 연추문, 동문을 영춘문迎春門이라 하였다.

또 상고해보면 문소전文昭殿은 류성룡柳成龍의 서애집西厓集에 쓰여 있기를 「나라에서 종묘 이외에 따로 문소전을 경복궁 영춘문 안에 세워서 침전寢殿으로 하여 태조 이하 4대의 위판을 모시고, 생시에 섬기던 예법으로 제향하였다. 이것은 세종이 제도를 정한 바이며, 뒤에 성종이 생부 덕종을 추숭追崇하니 예종睿宗과 형제간이라 함께 문소전에 봉안할 수 없으므로 따로 연은전延恩殿을 신무문 안에 세우고 문소전의 절차와 같이 제향한다」 하였다.

또 조야기문에 보면 「태조가 궁성 안에 터를 잡아 성전聖殿을 세우고 선왕을 봉안했다. 태조가 승하하게 되자 전호를 인소전仁昭殿이라 하고 태조를 모시던 원묘原廟는 광효전廣孝殿이라 하여 따로 있던 것을 세종 때 와서 처음 문소전이라 하고 한나라 원묘의 제도를 본떠서 아침저녁으로는 상식上食하고 낮에는 다례茶禮를 올리며, 반찬은 소찬만 하고 각 능과 종묘에까지도 삭망제가 있어서 너무 다번하다고 말하는 사람들이 많았으나 감히 고치지 못하였다.

그러다가 임진왜란 뒤에 이 전들이 모두 불타 버려서, 종묘 이외의 각

능전에는 대제大祭만 거행하고 초하루 보름에는 분향焚香만 할 뿐이었다. 영종 48년에 문소전이 있던 옛터에 비석을 세우고 비각을 지었다」 한다.

또 상고해보면 흠경각欽敬閣은 세종 20년에 세웠다. 김돈金墩의 기문이 있다. 이것이 또 불타고 그 뒤 명종 9년에야 다시 세웠다.

이수광李睟光이 지은 지봉유설芝峯類說에 보면 「흠경각은 강녕전 옆에 있고, 여러 가지 기구가 치밀하고 정교하다. 모두 세종왕의 성념聖念으로 만들어진 것인데, 밭 갈아 농사짓고 누에 쳐서 길쌈하는, 노고勞苦하는 모양을 표현하여 이 모양을 실제로 보려한 것이다. 그 중에 기기攲器의 제작이 가장 신기하다」 하였다.

또 경복궁 안에 있던 각 궁전을 상고해보면 서쪽에는 승정원承政院이 있는데 조서강趙瑞康, 유의손柳義孫의 기문이 있으며, 홍문관은 승정원 서편에 있고 상서원尚瑞院은 보루각報漏閣의 남편에 있으며, 춘추관은 상서원의 서편에 있고, 예문관은 승정원의 서편에 있으며, 승문원 교서관은 함께 사옹원司饔院 남쪽에 있다. 승문원에는 이숙함李淑瑊의 기문이 있고, 교서전에는 이영소李永昭의 기문이 있다. 내의원內醫院은 관상감의 남편에 있고, 상의원尚衣院은 관상감 북편에 있으며, 내사복시內司僕寺 · 관상감은 상서원의 남편에 있다. 내사복시에는 이숙함의 기문이 있다.

전설사典設司 · 전연사典涓司 · 도총부都總府는 함께 광화문 안에 있고, 내사복시에는 사가司佳 서거정徐居正의 기문이 있다. 내반원內班院에는 점필재佔畢齋 김종직의 기문이 있고, 경회루의 남문 서편에 있다.

이상의 경복궁은 모두 선조 25년 임진년 왜란 때에 다 불타버렸다.

창덕궁昌德宮

북부 광화방廣化坊 매봉[鷹峯] 밑에 있다. 개국 초기에 건축하였다. 선조 25년 임진왜란 때 불타버린 것을 광해군 원년에 다시 세웠다. 7문을 세웠다. 남쪽 문을 돈화문敦化門이라 하고, 이층 다락에 큰 북을 달아 매일 오정과 인정人定·파루破漏 때에 북을 울려서 시간을 알렸다.

열조통기列朝通紀에 보면 「창덕궁 문은 원래 현판이 없었다가 성종 때에 서거정에게 분부하여 이름을 지어서 달게 하였다」 했다. 또 돈화문의 남쪽 바른편을 단봉문丹鳳門이라 하고 동쪽문을 건양문建陽門이라 했으며, 바로 이 문 밖 동편이 창경궁昌慶宮이다. 서문을 금호문金虎門이라 하며, 현판은 성임成任의 글씨다. 대궐에 출입하는 신하들은 거의가 이 문으로 출입하였고, 사헌부司憲府 관원만은 꼭 정문 돈화문으로 출입하였다. 금호문을 잠근 뒤에는 그 날 입직했던 주서注書가 꼭 나가서 잠근 문을 다시 확인한다. 또 서쪽에 경추문景秋門이 있는데, 이 문만은 대자에게 분부하여 군사를 동원할 때에만 열게 되므로 언제나 닫혀져 있다. 또 서쪽에 요금문曜金門이 있는데, 성종 때 판결사 신자건愼自健이 현판을 썼다. 서북편에는 공북문拱北門이 있고, 대보단大報壇(명나라 마지막 황제 숭정을 봉사하는 곳)이 문 안에 있다. 원래 신이천申利川 박博의 집터이다.

○ 인정전仁政殿—넓이가 5간이며, 가로가 4간으로 이층집이다. 전 앞이 3층계로 되어있다. 동서 뜰을 나누어서 문관과 무관의 품석品石을 쭉 벌려 세우고 조회와 하례를 받는 정전이다. 순조 3년에 화재 보고 이듬해 겨울에 중건하였다. 죽석竹石 서영보徐榮輔가 현판을 썼다. 옛날의 남문을 인정문仁政門이라 하고, 이해룡李海龍이 현판을 썼다. 서남쪽 사이에 숙장문肅章門·진선문進善門이 있고, 두 문 현관은 모두 정난종鄭蘭宗의 글씨이다.

신문고申聞鼓가 진선문 안에 설치되어 있다. 국조보감에 보면 「태종 2년에 신문고를 궁전 뜰에 설치하고 동편 문을 광범문光範門이라 하여 승정원으로 통하며, 서편 문을 숭범문崇範門이라 하여 악원樂院으로 통한다」 하였다.

○ **선정전**宣政殿—인정전 동편 연영문延英門 안에 있다. 간단한 편전便殿이다. 푸른색 유리 기와로 지붕을 덮었다.

○ **보경당**寶慶堂—인정전 서쪽에 있다.

○ **성정각**誠正閣—중희당重熙堂의 바른편에 있다. 정종 5년에 숙종이 친히 지은 성정각 십경잠十警箴을 조원형曺元亨에게 정하게 써서 바치라 하고 어필로 쓴 성정각 현판과 함께 달았다.

○ **희정당**熙政堂—협양문協陽門 안에 있다. 모든 경연經筵의 소대召對와 인견引見을 할 때에 성정각이나 중희당에 왕이 친림한다.

○ **대조전**大造殿—협양문 안에 있다. 왕비의 시어소時御所이다. 대조전 대량 위에 용마름을 만들지 않고 그대로 기와를 덮었다.

○ **징광루**澄光樓—대조전 곁에 있다.

○ **경복전**景福殿—인정전 서쪽 태추문泰秋門 안에 있다. 옛날 왕대비의 시어소이다.

○ **동궁**東宮—건양문 밖에 있다. 옛날 구현전求賢殿 · 광연정廣延亭이 있던 터이다. 앞에는 연못이 있다. 성종 17년에 다시 세우고 「동궁」이라 했다. 이극문貳極門 안에 중화문重華門이 있고, 이 문 안에 중희당重熙堂이 있다. 세자의 서연書筵과 신하들의 접대는 모두 이 집에서 하였다. 곁에 누각이 있고 이름을 소주합루小宙合樓라 한다. 숙종 때에 팔분체 글씨로 〈정구팔황庭衢八荒 호월일가胡越一家〉라는 여덟 자의 액을 써서 집 문 위에 걸었다.

○ **수강재**壽康齋—중희당의 동편에 있다.

○ **선원전**璿源殿—인정전의 서쪽에 있다. 동편문을 만녕문萬寧門이라 한

다. 숙종·영종·정종의 3대 영정影幀을 봉안하고 초하루와 보름에 왕이 친히 분향배례하며, 탄신誕辰에는 다례를 행하기를 중국의 봉선전奉先殿의 의식과 똑같이 한다. 종묘는 외조外朝를 상징하고 봉선전은 내조를 상징한다.

○ **만수전**萬壽殿—옛날 흠경각 터에 지었다. 효종 6년에 세우고 대비가 여기에 따로 거처하였으므로 〈만수전〉이라 이름하고 청을 춘휘당春暉堂이라 했다. 숙종 13년에 만수전이 불에 타서 없어졌다.

○ **경봉각**敬奉閣—옛날 동룡문銅龍門 안에 있다. 영종 46년에 세웠다. 어필로 현판을 썼다. 태조 이래의 중국에서 보내온 조서詔書와 칙서를 모아서 보관한다. 정종 23년에 대보단의 서편 담장 밖 옆으로 옮겨서 세웠다.

○ **재정각**齋政閣—희정당 남편에 있다. 숙종 13년에 세웠다.

○ **규장각**奎章閣—창덕궁 금원禁苑의 북쪽에 있다. 위에는 다락이며 밑에는 헌함으로 모두 6간이다. 역대 왕의 영정과 어제·어필·보책寶冊·옥새 등을 봉안하고 현판을 〈규장각〉이라 했다. 현판은 숙종의 어필이다.

○ **서향각**書香閣—주합루의 서편에 있다. 넓이가 6간이며 좌우에 방이 있다. 왕의 영정과 어제·어필 등을 옮겼다가 포쇄曝曬(말리고 바람 쏘이는 일)하는 곳이다. 그러므로 혹은 이안각移安閣이라고도 한다. 현재는 금상今上(즉 순조)의 영정을 봉안하고 매년 정월, 4월, 7월, 10월의 보름날에 규장각 신하들이 품계해서 봉안하고 포쇄한 뒤에 봉모당奉謨堂·개유와皆有窩 서적각 등을 봉심奉審(사고 유무를 검사하는 것)한다. 서향각 현판은 조윤형曺允亨의 글씨이며, 그 남편 문 위에 〈향명루嚮明樓〉라는 현판이 있는데 표암豹菴 강세황姜世晃의 글씨이다.

○ 봉모당奉謨堂—주합루의 서남편에 있다. 가운데 청이 있고 양 곁에 협실夾室이 있다. 옛날 왕이 친림해서 군대 사열하던 곳이다. 옛날의 제도 그대로를 고치지 않고 역대의 어제 · 어필 · 어화 · 고명顧命(승하할 때 유언) · 유고遺誥 · 밀교密敎와 선보璿譜 · 보감寶鑑 · 장지狀誌 · 인보印寶 등을 보관했다. 들어가는 문에는 운한문雲漢門이란 현판이 붙었다.

○ 열고관閱古觀—주합루의 남편에 있다. 위아래 2층이며 모두 2간이다. 북쪽으로 꺾인 것이 〈개유와〉이며 모두 3간이다. 중국에서 나온 서화와 서적 등을 보관해 두었으므로 이름을 〈개유와〉라 한다. 또 서북편으로 서고西庫가 있다. 역시 3간으로 국내의 서적들을 모아 보관한 곳이다.

○ 희우정喜雨亭—주합루 서북편에 있다. 숙종 16년에 오랫동안 가물어서 대신을 보내 비를 비는 기우제를 올렸다. 이날 마침 비가 내렸으므로 숙종이 심히 기뻐하여 금원 안에 있는 취향정醉香亭 현판을 〈희우정〉이라 고치고 정자의 명銘을 지어서 기념하였다.

또 동편에 천석정千石亭이 있고, 작은 다락을 〈제월광풍루霽月光風樓〉라 현판했다.

또 부용정芙蓉亭은 주합루의 앞에 있는 연못의 남편에 있고, 연못에는 채색 비단으로 장식한 배가 띄워져 있다. 정종 때 꽃구경하고 낚시질하던 곳이다. 여러 신하들은 연못가에 쭉 늘어앉아서 시를 지어 올렸다.

상고해보면 경복궁은 백악산 밑에 있고 창덕궁은 매봉 밑에 있다. 이러므로 동월이 지은 조선부에 보면 「혹산 언덕이 가리어 있는 곳엔 따로 이궁離宮을 지었다. 보통 평탄한 곳을 가려서 집터를 잡지 않고 단지 산세의 웅장한 것만 가리었다」 한 것이 이것이다.

열조통기에 보면 「세종 8년에 연희궁延禧宮으로 옮겼다가 이듬해 2월에 창덕궁에 돌아왔으며, 선조 39년에 경복궁을 중건하려 할 때에 그 전에 현령으로 있던 이국필李國弼이 상소해서 '경복궁의 터가 좋지 못하니 먼저 창덕궁을 중건하는 것이 좋습니다.'라고 애써 말해서 그 말에 따라 8도 백성들의 토지 1결結에 면포 반 필씩을 받아들여서 이것으로 창덕궁을 중건했다.」 선조 대 시작해서 광해 때에 낙성한 것이다.

○ 흠경각欽敬閣—원래 경복궁 강녕전 옆에 있던 것을 광해 6년에 창덕궁 서린문瑞麟門 안에 세웠다. 전설에 따르면 창덕궁을 중건할 때에 중국 목수 시문용施文用이 지었다 한다.

규장각지奎章閣志에 보면 우리나라 관청은 거의가 송宋나라 제도를 모방하였다 한다. 홍문관은 송나라 집현전集賢殿을 모방하고, 예문관은 학사원學士院을 모방하고, 춘추관은 국사원國史院을 모방하였으되, 어제御製를 보관하는 용도각龍圖閣·천장각天章閣 같은 제도는 두지 못하였다.

세조 때 중추부 지사 양성지梁誠之가 주계하기를 「제왕의 어제는 하늘에 뜬 구름과 은하수 마냥 만 대를 유전하여야 할 것일진대, 신하된 자들이 의당 각을 지어서 봉안하고, 관원을 두어서 관리하게 하여야할 것이오니, 청컨대 신 등으로 하여금 어제의 시와 문자들을 수습해 올려서 인지각麟趾閣의 별실에 봉안하고 이름을 규장각奎章閣이라 하며, 또 여러 서적들을 모아 보관한 곳을 비서각秘書閣이라 하고 관원을 두어 그 출납을 맡아보도록 하소서」 하니 세조가 좋은 말이라 칭찬만 하고 시행은 못 하였다.

숙종 때 역대 왕의 어제와 어필을 봉안하기 위하여 따로 조그마한 각을 지금의 종부시宗簿寺인 당시 종정시宗正寺 옆에 세우고 어필로 〈규장각〉이라는 현판을 써서 달았으나, 거기에 관계되는 규제는 구비하지 못하고 이 현판은 지금 주합루에 옮겨서 달려있다.

그러던 것이 정종 즉위년에 영종의 어제를 목판에 각자하고 또 어필을 모模해서 돌에 새기고 대신에게 하교하기를 「우리 선대왕의 빛나는 문장과 진귀한 어필이 모두 소자를 교훈하신 문자들일진대 이것을 소중히 여겨서 보관할 바가 어찌 범연한 쪽지에 비할 것이랴. 당연히 따로 전각을 세워서 송나라 제도를 본받아 경건히 봉안할 것이니 대마다 여기저기에 흩어져 있는 어제와 어필을 한 곳에 봉안하는 것이 경비도 절약하는 방법이 될 것이니 소관되는 관원들은 창덕궁 후원에 집을 짓게 하고 착실히 거행하라」하고, 곧 다시 분부하기를 「단청은 하되 금색은 쓰지 말며, 도배도 무늬 있는 종이는 쓰지 말고 순색으로 하여 검소하게 하라」 하였다. 그래서 이 해 3월에 착공하여 7월에 낙성하고 〈개유와〉, 〈규장각〉에는 중국 서적만을 모아 두었다. 즉 정종(정조)이 명명한 것으로 희귀한 서적들이 그 속에 꽉 차 있었다. 그 중에 도서집성圖書集成 5천 권이 제일 큰 책으로 정종 원년에 연경에서 사 들였다. 우리나라에는 이 책은 여기 밖에 있는 데가 없다.

이 책은 청국 강희康熙 시대에 무영전武英殿 구리로 만든 활자로 박아낸 것인데, 모두 1만여 권이며 대개 32전典으로 되어 있다. 건상전乾象殿, 세공전歲功典, 역법전曆法典, 서징전庶徵典, 곤여전坤輿典, 직방전職方典, 산천전山川典, 변예전邊裔典, 황극전皇極典, 궁위전宮闈典, 관상전官常典, 가범전家範典, 교의전交誼典, 씨족전氏族典, 인사전人事典, 규원전閨媛典, 예술전藝術典, 신이전神異典, 금충전禽蟲典, 초목전草木典, 경적전經籍典, 학행전學行典, 문학전文學典, 자학전字學典, 선거전選擧典, 전형전銓衡典, 식화전食貨典, 예의전禮儀典, 악률전樂律典, 융정전戎政典, 상형전詳刑典, 고공전考工典이다. 전마다 부문류部門類를 나누어서 부문이 6,109 가지나 되고, 책은 모두 520함이며 목록만도 2함이나 된다.

규장각에는 8경이 있다. 즉 봉모운한奉謨雲漢, 서향하월書香荷月, 규장시사奎章試士, 불운관덕拂雲觀德, 개유매설皆有梅雪, 농훈풍국弄薰楓菊, 희우소광喜雨昭光, 관풍추사觀豊秋事이다.

또 상고해보면 영숙문永肅門은 즉 춘당대 후원문이다. 내각에서 주합루나 개유와에 가려면 꼭 이 문으로 들어가야 한다.

문헌비고에 보면 중종 23년에 정원에서 주계하기를 「창경궁 후원에 담연문淡煙門이 있습니다. 대내의 문으로는 적당하지 못하오니 영숙문으로 고치소서」 하였다.

성종 6년에는 창덕궁의 궁문이 현판이 없어서 출입하는 사람들이 어리둥절하였다. 왕이 예문관 대제학인 서거정에게 분부하여 문 이름들을 지어서 현판을 달게 하였다.

서거정이 지은 필원잡기筆苑雜記에 보면 「조선 개국 이후에 5경 3점에 파루가 울면 궁성문과 4방 성문이 모두 열린다. 그러나 예종 때만 평명平明이 되어야 궁성문을 열었다」 하였다.

창경궁昌慶宮

창덕궁 동쪽에 있다. 원래 수강궁壽康宮이 있던 터이다. 성종 14년에 성종이 세조왕비 파평 윤씨와 덕종비 청주 한씨, 예종의 계왕비 청주 한씨를 정희왕후貞熹王后, 인수仁粹대비, 안순安順왕후로 추존하고 이 3궁을 위하여 세웠다. 선조 25년 임진왜란 때 불타서 없어졌던 것을 광해 8년에 중건하였다. 동편 문을 홍화문弘化門이라 하여 정문이 되었다. 문루가 2층인데 성임成任이 현판을 썼다. 홍화문 바른편에 있는 문을 선인문宣仁門이라 하고 조정 신하들은 대개 이 문으로 출입한다.

문헌비고에 보면 「이 문의 옛 이름은 서린문瑞麟門인데, 뒤에 선인문으로 고쳤다」 했다.

또 동편에 통화문通化門이 있고, 그 왼편에 월근문月覲門이 있다. 정종 때 새로 세우고 항상 이 문으로 정종의 생부인 사도세자思悼世子의 경모궁景慕宮에 참배하였다. 그래서 「월근문」이라 이름하였다.

동북편에는 집춘문集春門이 있다. 이 문은 대내에서 성균관으로 통하는 문이다.

서편에는 창덕궁의 건양문이며 북편은 청양문靑陽門이라 한다. 창덕궁의 춘당대가 이 문 안에 있고, 춘당대 후원 서편 문은 즉 영숙문이다. 창덕궁의 요금문과 서로 통한다.

○ 명정전明政殿—넓이 5간이며 세로 4간으로 동향이다. 조회받는 정전으로 제도가 인정전보다는 작다. 성종 때 매년 신년과 동지에 여러 신하들을 거느리고 3궁에 조하朝賀를 올리고 이 전에 납시어 조회를 받는다. 동편 문을 명정문明政門이라 하며, 그 동쪽은 홍화문이다. 문 안에 어구교御溝橋가 있고, 이름을 옥천교玉川橋라 한다. 전 뜰의 남편을 광정문光政門, 북편을 광범문光範門이라 한다. 세상에서 전하기를 명정전은 원래 고려 때 행궁行宮이라 하나 상고할 수 없다.

○ 문정전文政殿—명정전 남쪽 숭화문崇化門 안에 있다.

○ 인양전仁陽殿—명정전 서쪽에 있다.

○ 경춘전景春殿—수녕전壽寧殿 북쪽에 있다.

○ 자경전慈慶殿—명정전 북쪽에 있다. 정종 때 생모 혜경궁惠慶宮을 이 전에 모셨다.

○ 통명전通明殿—경춘전 북쪽에 있다. 푸른 기와로 덮였다. 정종 때 화재로 지금은 없으나 세상에서 이르기를 고려 때 건축이라 한다.

○ 환경전歡慶殿—경춘전 동쪽에 있다.

○ 양화당養和堂—환경전 북쪽에 있다.

○ 여휘당麗暉堂—통명전 서쪽에 있다.

○ 수녕전壽寧殿—인양전 북쪽에 있다.

○ 함인정涵仁亭—명정전 북쪽 빈양문賓陽門 안에 있다.

○ 공묵각恭默閣 · 영춘헌迎春軒 · 숭문당崇文堂 · 통화전通化殿—함께 명정전 북쪽에 있다.

○ 환취정環翠亭—통명전 북쪽에 있다.

문정전文政殿 이하의 여러 전각은 모두 편전便殿이며, 그 이름은 필시 대제학 서사가徐四佳가 지었다.

○ 춘당대春塘臺—청양문 안에 있다. 즉 궁궐 안 후원後苑으로 과거 보이고 열무閱武하던 곳이다. 영화당暎花堂이 있다. 당 앞에는 큰 연못이 있고, 당 뒤에도 연못이 있다. 이 연못은 즉 주합루宙合樓의 앞 못이다. 모든 과거 시사試士와 시사試射, 열무에 임금이 영화당에 납신다. 곁에는 관풍각觀豊閣이 있으며, 앞에는 수전水田이 있다. 매년 벼농사를 하여 가을에 수확하여 근신近臣들에게 나누어 준다. 이것을 춘당도春塘稻라 한다.

춘당대는 위치가 드높아서 그 맞은편 언덕을 장원봉壯元峰이라 이른다. 과거 볼 때에 선비들이 여기에 모여 앉으므로 이름이 생겼다. 또 이 대 옆에 신나무[楓]를 많이 심어서 가을이 되면 단풍이 무르녹으므로 단풍정丹楓亭이라고도 한다. 상고해보면 한나라 때에 궁전 섬축 밑에 신나무를 많이 심었으므로 풍신楓宸이니 풍폐楓陛라고 일렀은즉, 춘당대의 단풍정도 역시 고사故事인 것이다. 임금이 여기에 거둥할 때에는 배설방排設房에서 큰 차일을 마루 처마 앞에 설치하고 큰 막대 16개로 괴면 대 옆에 있는 열 길 되는 높은 나무도 모두 그 밑으로 들어간다. 또 영화당 섬축에 붉은 판자를 잇대어 임시 헌함을 만들고 용수석龍鬚席을 깔아 놓으면 위에 수 3백 인이 앉을 수 있고, 판자 밑도 높아서 사람들이 다닐 수 있다. 9급의 나무 섬축을 만들어서 오르내림을 한다.

○ **어수당**魚水堂—춘당대 불로문不老門 안에 있다. 이 문은 돌을 깔아서 만들고 전서篆書로 액자를 썼다. 효종 때 처음 세우고 언제나 송우암宋尤庵을 이 집에서 인견引見했다. 어수라는 뜻은 임금과 신하가 서로 마음이 맞는다는 의미이다.

○ **연경당**演慶堂—어수당 서북쪽에 있다. 금상(즉 순조) 27년에 세자가 진장각珍藏閣 옛터에 세웠다가 때마침 대조大朝의 상존호上尊號 의식을 이 집에서 거행하였으므로 이름을 〈연경당〉이라 하였다.

상고해보면 창경궁은 창덕궁과는 비록 딴 궁이나마 궁성은 같은 성이다. 두 궁 가운데 건양문이 있어서 서로 통한다.

춘당대는 옛날 서총대瑞葱臺라 한다. 국조인물고國朝人物考에 보면 차식車軾의 묘비명墓碑銘을 유몽인柳夢寅이 지었다. 거기에 말하기를 「차원부車原頫는 간관諫官으로 고려 말년에 국정을 논의하다가 평산平山 수운동水雲洞에 물러나와 있었다. 이때 요동遼東을 정벌하자는 의론이 생겼다. 이때 태조가 뒷날 정종定宗과 함께 편복을 입고 원부를 찾아서 그 전말을 말하니 원부가 사리를 설명하고 옳지 못함을 말하였다. 태조가 옳게 여기고 돌아갔다. 태조가 개국하게 되자 훈공勳功을 봉하려 하니 원부가 사양해 하는 말이 "우리 집이 세대로 고려 조정에 벼슬한지가 벌써 5백 년이 되었으며, 더군다나 저 창왕昌王의 왼쪽 겨드랑 밑에 금빛 비늘이 아직도 있는데, 어찌 감히 두 마음을 두어서 우리 선인先人의 충렬을 모독하겠는가?" 하였다. 태조가 한양에 도성을 정한 뒤에 태조가 옛 친구로 불렀다. 원부가 온즉 궁궐 안에 거처하게 하였다. 때마침 비가 내렸다. 상감이 원부의 손을 잡고 동쪽 후원으로 걸어 나가서 소매 속에서 파씨[葱種] 두어 되를 풀밭에 뿌리면서 하는 말이 "옛날 내가 자네를 서촌西村으로 찾을 때에 해는 저물고 배가 고파서 파를 배불리 먹었더니 이제 내 손으로 이것을 심어서 친구를 만류해서 먹게 하려네." 하였다. 예날 일을 되새기려는 것이다.」

지금 서총대가 그 곳이다. 조신曺伸이 지은 유문쇄록謏聞瑣錄에는 「성종 때에 후원에 파 한 포기가 나서 한 뿌리에 아홉 가지나 되어 서총이라 이르고 석축을 쌓아서 북돋았던 것을 연산이 거기에 대를 쌓고 서총대라 이름하였다」 했다.

요새 와서는 매년 능행陵行 뒤에 왕의 거가車駕를 따라갔던 군인 장교들에게 시사試射하고 상품 주는 것을 꼭 춘당대에서 시행하므로 이 과거를 서총대 시사라 했다고 한다.

또 상고해보면 춘당春塘의 수전水田은 즉 옛 한나라 농전弄田의 제도이다. 농전이 미앙궁未央宮 안에 있어서 천자의 본보기 농사하던 논이다. 어허, 우리 역대 왕께서 농사 근본을 힘쓰는 데 소중히 여기고 매년 신년에 권농윤음勸農綸音을 팔도에 반포하며, 또 이 논을 궁궐 안에 두게 하여 농사의 어려움을 잘 알도록 하니 한갓 장난으로 본보게 할 뿐만 아니다. 선조先朝 때에 매년 춘당도春塘稻를 내각 여러 신하들에게 나누어 주었다. 그러므로 선군이 일찍 시로 이를 읊기를 「가을이 오면 춘당도 한 알 한 알이 장안의 허다한 부자 부럽지 않다[秋來粒粒春塘稻 不羡長安衆富兒].」 라고 했다. 대개 하사함을 감사해 한 것이다.

경희궁慶熙宮

서부 여경방餘慶坊에 있다. 처음에는 경덕궁慶德宮이라 했다. 광해 8년에 창건했다. 영종 36년에 원종元宗의 장릉章陵 시호와 같은 음이라 해서 경희로 고치고 다섯 문을 세웠다. 동편에는 흥화문興化門이며 이것은 정문으로 이신李紳이 현판을 썼다.

또 하나는 흥원문興元門이며 남편은 개양문開陽門, 북편은 무덕문武德門, 서편은 숭의문崇義門이다.

○ 숭정전崇政殿—넓이 5간, 길이 4간으로 남쪽을 향해서 조회 받는 정전正殿이다.

○ 흥정당興政堂—광달문廣達門 안에 있다. 신하들을 불러 보는 곳으로 항상 기거한다.

○ 회상전會祥殿—흥정당 동쪽에 있다.

○ 집경당集慶堂—흥정당 서쪽에 있다.

○ 융복전隆福殿—흥정당의 북쪽에 있으며, 덕유당德遊堂이 그 서쪽에 있다.

○ 집상전集祥殿—현종 8년에 자의 인선대비慈懿仁宣大妃가 때로 기거하던 만수전萬壽殿 동쪽에 창건하여서 이름을 집상전이라 하고 봉양하던 곳이다. 마치 한나라 장락궁長樂宮, 장신궁長信宮 제도와 비슷하다.

○ 위선당爲善堂—영선문寧善門 안에 있다.

○ 경현당景賢堂—경현문 안에 있다.

○ 용비루龍飛樓—봉상각鳳翔閣 후원 동북쪽에 있다. 12 별당別堂이 그 서쪽에 있다.

○ 규정당揆政堂—홍정문 동쪽에 있다. 영종 8년에 창건하고 혼천의渾天儀를 보관했다.(어제 기문이 있다—저자 주)

○ 경봉각敬奉閣—영종 36년에 창건하고 어필로 현판을 썼다. 개국 이래

의 중국에서 보내온 조서詔書와 칙서勅書를 보관했다.

상고해보면 경희궁의 제도는 창덕궁보다 규모가 작으나 지세가 높고 명랑하기는 창덕궁보다 좋다. 영종이 등극한 뒤에 항상 이 궁에 거처하였다. 홍정당 동편에 오래된 대추나무가 있는데 계마조繫馬棗라 한다. 이 터는 원래 인조의 생부 원종元宗의 사제私第이므로 옛날에 말을 매었던 나무인 것이다. 정종 6년에 이 나무에 대추가 열리므로 사람들이 좋은 일이 있을 조짐이라 하였다.

또 문헌비고에 보면 「인경궁仁慶宮은 서부 인왕산 밑에 있다. 본시 원종의 사제로 광해 8년에 술자術者가 말하기를 「새문동塞門洞에 왕기王氣가 있다」하여 이 궁궐을 건축해서 지기를 누렸다」 한다. 인조가 반정反正하던 원년에 즉시 헐어버렸다.

금상(즉 순조) 29년에 홍정당이 불에 타서 31년 봄에 중건할 때 회상전 현판은 김풍고金楓皐가 썼고, 융복전 현판은 판서 조만영趙萬榮이 썼다.

단유壇壝

사직단社稷壇

서울 성 안 서부 인달방仁達坊에 있다. 사社는 동쪽에 있고 직稷은 서쪽에 있다. 두 단은 모두 4방이 25척이며, 높이는 3척이고 4방에 승강구를 3층씩 두었다. 단의 장식裝飾은 방위의 빛을 따라 동은 푸른빛, 남은 붉은빛, 서는 흰빛, 북은 검은빛이며, 위는 황토로 덮었다. 사社에는 석주石柱가 있다. 길이가 2척 5촌이며, 사방은 1척이다. 위는 둥글게 깎고 밑은 반쯤 묻어서 단 남편 층계 위에 세웠다. 4방 문을 똑같게 하였다. 축대는 4방이 25보步이며, 빙 둘러 담을 쌓았다. 국사와 국직의 신좌神座는 남쪽과 북쪽에 가지런히 있다. 후토신后土神은 국사에 배향하고 후직신后稷神은 국직에 배향한다. 각각 정위正位의 왼편 북쪽 가까이 동향으로 있다. 봄 2월, 가을 8월 첫 무일戊日과 납일臘日에 행사한다. 또 정월 첫 신일辛日에 기곡대제祈穀大祭를 거행한다. 사전祀典에 대사大祀로 되어 있다.

풍운風雲 · 뇌우雷雨 · 산천山川 · 성황단城隍壇

남교南郊에 있다. 사방이 23척이며 높이가 2척7촌이다. 사방으로 승강구를 두었다. 축대는 양쪽이 25보이다. 풍운 · 뇌우 신좌는 복판에 있고, 산천 신좌는 왼쪽에 있으며, 성황 신좌는 오른쪽에 있다. 모두 남쪽에서 북향으로 되어 있다. 봄 2월, 가을 8월 상순上旬에 행사한다.

악해독단嶽海瀆壇

남교에 있다. 축대 하나이며, 단은 없고 사당祀堂 3간이 있다. 악嶽은 남쪽은 남원 지리산智異山, 중앙에 서울 삼각산三角山, 서쪽에 개성 송악산松嶽山, 북쪽에 정평 비백산鼻白山이며, 해海는 양양에 있는 동해, 나주[1]에 있는 남해, 풍천에 있는 서해이며, 독瀆은 남쪽으로 공주에 있는 웅진熊津, 양산에 있는 가야진伽倻津, 중앙은 서울에 있는 한강漢江, 서쪽으로 장단에 있는 덕진德津, 평양에 있는 대동강大同江, 의주에 있는 압록강鴨綠江, 북으로 경원에 있는 두만강豆滿江이다. 봄 2월, 가을 8월 상순에 행사한다.

선농단先農壇

동교에 있다. 성종 7년에 친경대親耕臺를 선농단 10보 남쪽에 쌓았다. 정월에 왕이 친히 선농단에 제사 올리고 적전籍田을 친경親耕하는 의식을 거행한다. 매년 경칩驚蟄 뒤 첫 해일亥日에 행사한다.

선잠단先蠶壇

동교에 있다. 매년 3월 사일巳日에 행사한다. 서능씨西陵氏를 제사한다.

상고해보면 선잠단은 경복궁 안에도 있다. 영종 43년에 단을 만들고 친잠親蠶을 하고 비를 세웠다. 어필로 「정해친잠경인건각丁亥親蠶庚寅建閣」이라 썼다.

---

1 지금의 영암

우사단雩祀壇

남교에 있다. 사방이 40척이다. 구망句芒·축융祝融·후토后土·욕수蓐收·현명玄冥·후직后稷 신좌는 함께 북쪽에서 남향하고 서편을 위로 한다. 6월 상순에 행사한다. 이상은 중사中祀로 되어 있다.

영성단靈星壇[2]

남교에 있다. 사방이 21척이며 높이 2척 5촌이며 사방에 승강구를 두었다. 축대 하나에 25보이다. 신좌는 북쪽에서 남향이다. 입추立秋 절후 뒤 첫 진일辰日에 행사한다.

노인성단老人星壇

남교에 있다. 추분秋分날 행사한다.

마조馬祖·선목先牧·마사馬社·마보단馬步壇

함께 동교에 있다. 마조단은 2월에, 선목단은 5월에, 마사단은 8월에, 마보단은 동짓달에 모두 절후節候가 된 뒤 강일剛日[3]에 행사한다.

마제단禡祭壇

동북교東北郊에 있다. 군대 사열하기 전날에 행사한다.

사한단司寒壇

남교에 있다. 현명씨玄冥氏를 제사한다. 춘분春分과 선달에 행사한다.

---

2 창룡성(蒼龍星)의 좌각(左角)에 있는 천전성(天田星)
3 강일: 갑, 병, 무, 경, 임일

명산대천단名山大川壇

단이 없고 사당 3간이 있다. 명산은 동으로 원주의 치악산雉岳山, 남으로 공주의 계룡산鷄龍山, 단양의 죽령산竹嶺山, 울산의 만불산萬佛山, 문경의 주흘산主屹山, 나주의 금성산錦城山이며, 중앙은 서울의 목멱산木覓山이고, 서로는 장단의 오관산五冠山, 해주의 우이산牛耳山이며, 북으로 적성의 감악산紺岳山, 회양의 의관산義館山이며, 대천大川은 남으로 충주에 있는 양진명소陽津溟所이며, 중앙에는 양주에 있는 양진楊津이며, 서로는 장연長淵에 있는 장산관長山串, 장련長連에 있는 아사진송관阿斯津松串, 안주에 있는 청천강晴川江, 평양에 있는 구진익수九津溺水이며, 북으로 회양에 있는 덕진명소德津溟所, 영흥에 있는 비류수沸流水이다. 만약에 날씨가 가물어서 빌어야 될 만하면 북교에 나가서 악해도와 명산대천 신위를 설치하고 각각 있는 방위에서 안으로 향하게 한다.

한강단漢江壇

한강 북쪽에 있다. 매년 봄 2월과 가을 8월에 행사한다.

여단厲壇

북교에 있다. 신좌는 성황신城隍神이 단 위의 북쪽에서 남향으로 있고, 제사 없는 귀신들은 단 아래 좌우에 있어서 서로 마주 향하게 된다.

청명淸明일, 7월 15일, 10월 초1일에 행사한다. 이상은 소사小祀로 되어 있다.

지봉유설芝峯類說에 보면 민충단愍忠壇은 홍제원 남쪽에 있는데, 중국에서 임진왜란 때 구원병으로 왔다가 전사戰死한 장사將士들을 제사한 곳이라 한다.

묘전궁廟殿宮

종묘宗廟

서울 성 안 동북 연화방蓮花坊에 있다. 태조가 복판에서 남향하고 있다. 모두 7간으로 앞에 3층의 축이 있고 동쪽과 서쪽에 각각 협실夾室 2간이 있고, 협실 남편에 각각 월랑月廊이 있으며, 동쪽과 서쪽에 또 묘전 3간이 있다. 서쪽에는 7대 신주를 봉안하고 동쪽에는 배향 공신들의 신주를 안치했다. 7대 신주는 묘정廟庭 동쪽에서 서향으로 있다.

영녕전永寧殿

종묘 서쪽에 있다. 태실太室 북쪽에서 남향으로 있는데 모두 4간이다. 앞에 3층 축이 있다. 체천遞遷[1]되는 신주를 봉안한다. 종묘에서는 정월·4월·7월·10월 상순과 납향일에 행사하고 영녕전은 봄 정월·가을 7월 상순에 행사한다.[2]

조야기문朝野紀聞에 보면 「세종 3년에 예조에서 계청하여 별묘別廟를 종묘의 서쪽에 세우고 〈영녕전〉이라 명명하고, 목조穆祖를 봉안하기를 송나

---

1 대가 지낸 것을 말함. 봉사손(奉祀孫)의 대수(代數)가 다한 신주를 최장방(最長房)이 제사를 받들게 하려고 그 집으로 옮기는 일.

2 대사(大祀)로 되어 있다.

라 소희昭熙의 조서詔書와 같게 하소서」 하여 분부를 받아 그대로 하였다.

영희전永禧殿

남부 훈도방薰陶坊에 있다. 원래는 세조 때 의숙懿淑공주의 집이다. 중종 원년에 단경왕후端敬王后[3]가 물러나올 때 궁이 되었다. 광해 2년에는 공빈恭嬪의 사당이 되어서 남별전南別殿이라 하였다. 또 봉자전奉慈殿이라고도 하였다. 광해 11년에는 태조와 세조의 영정影幀을 남별전에 봉안하였다. 인조 15년에는 중수해서 세조와 원종의 영정을 봉안하였다. 숙종 3년에는 본전本殿을 더 세우고 숙종 14년에는 숙종의 영정도 함께 봉안하였다. 정종 때에는 또 영종의 영정을 봉안하였다. 한식·단오·동지·납향에 행사한다.

선원전璿源殿

창덕궁 안 인정전 서쪽에 있다. 동편 문을 만녕문萬寧門이라 하고 내각으로 통한다. 숙종·영종·정종의 영정을 봉안하고 삭망에 왕이 친히 분향배례를 행하고 탄신誕辰에는 다례를 행하기를 마치 중국 봉선전奉先殿의 예식과 같이한다. 태묘는 외조外朝를 상징하고 봉선전은 내조內朝를 상징한 것이다.

저경궁儲慶宮

남부 회현방會賢坊 송현松峴에 있다. 원래 인조의 잠저潛邸이다. 옛 이름은 송현궁이던 것을 영종 32년에 지금 이름으로 고쳤다. 원종을 낳은 경

---

3 중종왕비 신씨

혜유덕인빈 김씨敬惠裕德仁嬪金氏를 봉사한다.

육상궁毓祥宮

북부 순화방順化坊에 있다. 영종 31년에 사당을 세웠다. 영종을 낳은 화경휘덕안순수복숙빈 최씨和敬徽德安純綏福淑嬪崔氏를 봉사한다.

경모궁景慕宮

동부 숭교방崇敎坊에 있다. 정종이 즉위하던 해 사당을 세웠다. 어필로 현판을 쓰고 정종의 생부인 장헌세자莊獻世子를 2월, 5월, 8월, 동짓달 4삭일朔日에 행사한다. 경모궁 안에 망묘루望廟樓가 있다. 정종의 영정을 봉안하였다.

영경전永慶殿

옛날 창의문 남쪽에 있었다. 선조 34년에 사당을 세우고 명종세자인 순회세자順懷世子를 봉사하였고, 인조 25년에는 인조세자인 소현昭顯세자를 배향하였다. 이 두 세자를 조주祧主[4]한 뒤에는 빈 집만 있었다.

의소묘懿昭廟

북부 순화방에 있다. 원래는 영종의 옛 집인데 영종 30년에 장헌세자의 아들인 의소세손을 봉사하였다.

장보각藏譜閣

---

4 신주매안(神主埋安)한 것.

창의궁 안에 있다. 영종보감에 보면 일찍이 영정을 만들어서 잠저인 창의궁의 장보각에 봉안하라 분부하였다.

문희묘文禧廟

북부 안국방에 있다. 정종 12년에 사당을 세우고 정종세자인 문효文孝세자를 봉사한다.

연우궁延祐宮

북부 순화방에 있다. 정종 2년에 사당을 세우고 진종眞宗을 낳은 온희청빈 이씨溫禧清嬪李氏를 봉사한다. 냉천정冷泉亭이 있고, 영종의 영정을 봉안한다.

대빈궁大嬪宮

중부 경행방慶幸坊에 있다. 경종 2년에 세우고 경종을 낳은 옥산대빈 장씨玉山大嬪張氏를 봉사한다.

선희궁宣禧宮

북부 순화방에 있다. 장헌세자를 낳은 영빈 이씨暎嬪李氏를 봉사한다.

경우궁景祐宮

북부 양덕방陽德坊에 있다. 금상(순조) 24년에 세우고 순조를 낳은 유빈 박씨綏嬪朴氏를 봉사한다. 저경궁 이하의 모든 궁에는 모두 춘분·하지·추분·동짓날에 행사한다.

어의궁於義宮

중부 경행방에 있다. 보통 상上어의궁이라 한다. 인조의 잠저인데 잠룡지潛龍池라는 연못이 있고 용흥궁龍興宮은 동부 순교방에 있는데, 보통 하下어의궁이라 한다. 이 안에 있는 조양루朝陽樓는 효종의 잠저이다. 가례嘉禮를 어의궁에서 행한 것은 인조 장렬왕후莊烈王后부터 처음이다.

수진궁壽進宮

중부 수진방에 있다. 전한 말이 원래는 예종의 아들 제안대군齊安大君의 궁이다. 지금은 봉작封爵하지 않고, 출각出閣하지 않은 대군大君·왕자王子·공주公主·옹주翁主들을 이 궁에 봉사한다.

명례궁明禮宮

서부 황화방皇華坊에 있는데, 경운궁慶雲宮이라 한다. 원래는 성종의 형 월산대군月山大君의 집이다. 선조가 임진왜란 이듬해인 26년에 의주에서 환도한 뒤에 이 궁에 거처하였다. 광해 때에는 선조 계비 인목대비仁穆大妃가 이 궁으로 쫓겨났다. 서궁西宮이라고도 한다. 인조가 반정하고 이 궁에서 즉위하였으므로 현판을 즉조당卽祚堂이라 했다. 효종 어필로 삼조개어三朝皆御라는 4자가 있다.[5]

창의궁彰義宮

북부 순화방에 있다. 원래 영종의 잠저이다.

---

5 지금의 덕수궁(德壽宮)

용동궁龍洞宮

서부 황화방에 있다. 전설에 순회세자의 옛날 집이라 하나 알 수 없다.

이현궁梨峴宮

동부 연화방蓮花坊에 있다. 원래는 광해군의 옛 집이다. 정종 때에 장용영壯勇營을 여기에 설치하였다. 또 여지승람에 보면 효사묘孝思廟는 북부 진장방鎭長坊에 있는데, 뒤에 없어졌다고 하나 이것은 잘못이다. 뒤에 봉상시奉常寺가 되었다.

경수궁慶壽宮

동부 연화방에 있다.

사묘祠廟

백악신사白嶽神祠

백악 꼭대기에 있다. 매년 봄과 가을에 초제醮祭를 행한다. 중악衆嶽인 삼각산을 여기에 제사한다. 삼각산 신위는 북에서 남향하고 백악 신위는 동에서 서향한다.

향실사전香室祀典을 상고해보면 백악은 곧 북한산 보현봉普賢峯 아래 기슭인데 도성의 주맥主脉이다. 보토補土할 때 고유제의 축문祝文을 보면 삼각산 신위라고 한다.

목멱신사木覓神祠

목멱산[1] 꼭대기에 있다. 매년 봄과 가을에 초제를 행한다.
남산 꼭대기에 국사당國祀堂이 있다. 이것이 목멱신사이다. 사당 가운데 화상이 있는데 이것이 유명한 중[僧] 무학無學의 화상이라 전한다. 매년 봄·가을 목멱신사의 제사 때에는 사당 가운데 있는 화상을 지각池閣에 옮긴다 한다.

---

1 서울 남산의 본 이름.

문묘文廟

동부 숭교방崇教坊에 있다. 대성전大成殿 현판은 석봉石峯 한호韓濩의 글씨이다. 남향인데 모두 5간이다. 앞에 2층계의 뜰이 있고 동쪽과 서쪽에 각각 행랑이 있다. 태조 7년에 세웠다가 정종 2년에 화재 보고 태종 7년에 다시 세웠다. 변계량卞季良의 비문碑文이 있다. 선조 25년에 임진왜란 때 불에 타고 35년에 다시 세웠다. 월사月沙 이정구李庭龜의 비문이 있다. 석전제釋奠祭는 매년 봄 2월과 가을 8월 첫 정일丁日에 행하고 삭망제는 임진년 난리 뒤부터 폐하고 단지 분향만 행한다. 신좌神座는 대성지성 문선왕大成至聖文宣王이 복판에 남향으로 있다. 성종 15년에 처음으로 위패의 독櫝을 만들었다. 배향配享은 연국복성공 안자兗國復聖公顔子와 기국술성공 자사沂國述聖公子思는 정위의 동쪽에 남으로 서향해 있고, 성국종성공 증자郕國宗聖公曾子는 정위의 서쪽에 남으로 동향하고 있다. 모두 북편을 위로 한다. 전 안의 종향從享은 비공 민손費公閔損·알공 염옹薛公冉雍·여공 단목사黎公端木賜·위공 중유衛公仲由·위공 복상魏公卜商은 동벽에 있어서 함께 서향이며, 단공 염경鄆公冉耕·제공 재여齊公宰予·서공 염구徐公冉求·오공 언언吳公言偃·영천후 욱손사潁川侯顓孫師는 서벽에 있어서 함께 동향이며, 모두 북편을 위로 한다.

동무東廡의 종향은 금향후 담대멸명金鄕侯澹臺滅明·임성후 원헌任城侯原憲·여양후 남궁괄汝陽侯南宮适·채무후 증점萊蕪侯曾點 ·수창후 상구須昌侯商瞿·평여후 칠조개平輿侯漆雕開·저양후 사마경雎陽侯司馬耕·평음후 유약平陰侯有若·동아후 무마시東阿侯巫馬施·양곡후 안행陽穀侯顔幸·상채후 조휼上蔡侯曹卹·지강후 공손룡枝江侯公孫龍·풍익후 진상馮翊侯秦商·뇌택후 안고雷澤侯顔高·상규후 양사적上邽侯壤駟赤·성기후 석작촉成紀侯石作蜀·거평후 공하수鉅平侯公夏首·교동후 후처膠東侯后處·제양후 해용

잠濟陽侯奚容箴 · 부평후 안조富平侯顏祖 · 도양후 구정강塗陽侯句井彊 · 견성후 진조甄城侯秦祖 · 즉묵후 공조구자卽墨侯公祖句玆 · 무성후 현성武城侯縣城 · 견원후 연급汧源侯燕伋 · 완향후 안지복宛向侯顏之僕 · 성달후 낙해城達侯樂欬 · 당읍후 안하堂邑侯顏何 · 임려후 적묵林慮侯狄墨 · 운성후 공충鄆城侯孔忠 · 서성후 공서점徐城侯公西蒧 · 임복후 시지장臨濮侯施之掌 · 화정후 진천華亭侯秦川 · 문등후 신장文登侯申棖 · 제음후 안쾌濟陰侯顏噲 · 사수후 공리泗水侯孔鯉 · 난릉백 순황蘭陵伯荀況 · 저양백 곡량적睢陽伯穀梁赤 · 채무백 고당생萊蕪伯高堂生 · 약수백 모장藥壽伯毛萇 · 팽성백 유향彭城伯劉向 · 중모백 정상中牟伯鄭象 · 구씨백 두자춘緱氏伯杜子春 · 양향후 노식良鄕侯盧植 · 영양백 복건榮陽伯服虔 · 사공 왕숙司空王肅 · 사도 두예司徒杜預 · 창려후 한유昌黎侯韓愈 · 예국공 정호豫國公程顥 · 신안백 소옹新安伯邵雍 · 온국공 사마광溫國公司馬光 · 화양백 장식華陽伯張栻은 동에서 서향하고, 서무의 종향은 선보후 복부제單父侯宓不齊 · 고밀후 공야장高密侯公冶長 · 북해후 공석애北海侯公晳哀 · 곡부후 안무유曲阜侯顏無繇 · 공성후 고시共城侯高柴 · 수장후 공백료壽長侯公伯寮 · 익도후 번수益都侯樊須 · 거야후 공서적鉅野侯公西赤 · 천승후 양전千乘侯梁鱣 · 임기후 염유臨沂侯冉孺 · 목양후 백건沭陽侯伯虔 · 제성후 염계諸城侯冉季 · 복양후 칠조치濮陽侯漆雕哆 · 고원후 칠조도보高苑侯漆雕徒父 · 추평후 상택鄒平侯商澤 · 당양후 임부제當陽侯任不齊 · 모평후 공량유牟平侯公良孺 · 신식후 진염新息侯秦冉 · 양문후 공견정梁汶侯公肩定 · 요성후 교단聊城侯鄡單 · 기향후 한보묵祈鄕侯罕父墨 · 유천후 신당淄川侯申黨 · 염차후 영기厭次侯榮旂 · 남화후 좌인영南華侯左人郢 · 구산후 정국朐山侯鄭國 · 낙평후 원원樂平侯原元 · 조성후 염결胙城侯廉潔 · 박평후 숙중회博平侯叔中會 · 고당후 규손高堂侯邽巽 · 임구후 공서여여臨朐侯公西輿如 · 내황후 거백옥內黃侯遽伯玉 · 장산후 임방長山侯林放 · 남중후 진원南中

侯陳元 · 양평후 금장陽平侯琴張 · 박창후 보숙승博昌侯步叔乘 · 중도백 좌구명中都伯左丘明 · 임치백 공양고臨淄伯公羊高 · 승씨백 복승乘氏伯伏勝 · 고성백 대성考城伯戴聖 · 강도백 동중서江都伯董仲舒) · 곡부백 공안국曲阜伯孔安國 · 기양백 가규岐陽伯賈逵 · 부풍백 마융扶風伯馬融 · 고밀백 정강성高密伯鄭康成 · 임성백 하휴任城伯何休 · 언사백 왕필偃師伯王弼 · 신야백 범영新野伯范甯 · 도국공 주돈이道國公周敦頤 · 낙국공 정이洛國公程頤 · 미백 장재郿伯張載 · 휘국공 주희徽國公朱熹 · 개봉백 여조겸開封伯呂祖謙 · 위국공 허형魏國公許衡은 서에서 동향하고 있다. 모두 북편이 위가 된다.

우리나라 명현으로 배향한 이는 홍유후 설총弘儒侯薛聰 · 문창공 최치원文昌公崔致遠 · 문성공 안유文成公安裕 · 문충공 정몽주文忠公鄭夢周 · 문경공 김굉필文敬公金宏弼 · 문헌공 정여창文獻公鄭汝昌 · 문성공 이이文成公李珥 · 문간공 성혼文簡公成渾 · 문원공 김장생文元公金長生 · 문정공 송시열文正公宋時烈 · 문정공 송준길文正公宋浚吉 · 문순공 박세채文純公朴世采 · 문정공 조광조文正公趙光祖 · 문원공 이언적文元公李彦迪 · 문순공 이황文純公李滉 · 문정공 김인후文正公金麟厚이다.

계성사啓聖祠

문묘 서북쪽에 있다. 현판은 영종의 어필이다. 숙종 27년에 중국 명나라 옛 제도를 본떠서 계성묘를 세웠다. 제국공 숙량흘齊國公叔梁紇이 북판에 있고, 안무유顔無繇 · 증점曾點 · 공리孔鯉 · 맹손씨孟孫氏가 좌우에 배향한다. 첫 정일丁日에 태뢰太牢로 공자 사당에 제향하는데, 이날 밤 자시子時에 먼저 계성묘에 소뢰小牢로 제향한다. 제관은 도서편圖書編에 실려 있는 대로 국자國子 3품관으로 정하고 위판은 보낸다. 제국공 공씨齊國公孔氏 · 곡부후 안씨曲阜侯顔氏 · 채무후 증씨萊蕪侯曾氏 · 사수후 공씨泗水侯孔氏 ·

추국공 맹씨鄒國公孟氏라 쓴다.

숭절사崇節祠

사현사四賢祠라고도 한다. 문묘 동쪽에 있다. 영종 원년에 세우고 진晉나라 태학생 동양董養, 당나라 태학생 하번何蕃, 송나라 태학생 진동陳東·구양철歐陽澈을 봉사한다. 영종 어필로 현판을 하사하였다. 또 어필로 〈유방아동流芳我東〉 네 자를 써서 사당에 걸었다.

전사청典祀廳

문묘 곁에 있다. 성종 3년에 대사성 이극기李克基가 세우기를 청해서 향사하는데 제수祭需 장만하는 곳으로 쓴다.

상고해보면 조선 개국 초기에 문묘文廟와 태학太學을 세웠다. 태종 때 증자曾子와 자사子思를 배향 위에 올렸고 자장子長을 10철哲[2] 위에 올리고 사신詞臣 변계량에게 비문을 짓게 하여 비를 세웠다. 성종 5년에 반궁泮宮을 중수하고 돌을 쌓아서 둘렀으며 또 이듬해 반수泮水를 뚫어서 옛날 반궁 제도대로 하였다. 이것은 태학생 권자후權自厚의 청을 따른 것이다. 중종 원년에 서총대를 허물어 버리고 반궁을 중수하게 하였다. 임진년 병화 때에는 문묘의 위패를 임시로 전사청에 옮겼다가 환도한 뒤에 맨 먼저 문묘 중건하기를 발론하여 대성전은 선조 33년에 중건하고 명륜당은 39년에 중건하였다. 옛날에 있던 비는 병화 때 허물어졌으므로 인조 4년에 다시 비를 만들고 이홍주李弘冑에게 명하여 변계량의 비문을 새 돌에 새기고 선

---

2 공자의 뛰어난 제자 열 사람으로 이는 곧 안회(顔回), 민자건(閔子騫), 염백우(冉伯牛), 중궁(仲弓), 재아(宰我), 자공(子貢), 염유(冉有), 자로(子路), 자유(子有), 자하(子夏)이다.

원仙源 김상용金尙容이 전자로 액자를 쓰고 월사月沙 이정구李廷龜가 그 전말을 빗돌 뒤에 써서 세웠다. 또 선조 35년에 명나라에 갔던 사신使臣이 중국의 국자감태학지國子監太學志를 사 가지고 왔다. 거기에 종사 제도從祀制度가 심히 자세하게 있었다 한다.

남관왕묘南關王廟

숭례문 밖에 있다. 선조 31년 명나라 장수 진인陳寅이 사당을 세웠다.

동관왕묘東關王廟

흥인문 밖에 있다. 명나라 조정에서 무신撫臣 만세덕萬世德을 시켜서 사당을 세웠다.

상고해보면 임진년 왜적을 정토征討할 때에 한나라 수정후壽亭侯 관운장關雲長의 신령이 여러 번 나타나서 신병神兵으로 전쟁을 도왔다. 명나라 군사들이 돈을 모아서 숭례문 밖 산기슭에 사당을 세웠다. 사당집은 푸른 유리 기와로 덮었다. 유서애柳西厓 문집에 보면 「명나라 유격장遊擊將 지인이 총에 맞아서 서울로 실려 와서 치료하는데, 거처하고 있는 숭례문 밖에 사당을 짓고 마루에 관왕의 신상神像을 안치하니 양경리楊經理 이하 여러 장수들이 각각 은자銀子를 내어 그 비용을 보조하고 우리나라에서도 재물을 내어서 협조했다」고 하였다. 사당이 낙성되자 우리 임금이 묘정에 친히 거둥하여 그 소상塑像에 두 번 절하였다. 얼굴이 붉기는 대추빛 같으며, 봉의 눈이며 수염이 배 아래까지 지냈다. 좌우에 소상 2인이 큰 칼을 짚고 모시고 섰다. 하나는 관평關平이며, 하나는 주창周倉이라 한다. 내가(저자) 향실香室에서 문적을 얻어 본즉 동남관왕묘 안의 동배위는 왕보王甫·조루趙累이며, 서배위는 평신후平信侯 주창周倉과 관평이라 한다. 2월

관왕묘 제사 때 동행하였다.

이로부터 여러 장수들이 언제나 출입하고 참배하고 빌기를 「조선을 위해서 신의 도움으로 적을 물리치게 해 주소서[爲東國求神助却賊]」 한다. 5월 13일에는 사당에 큰 제사를 거행한다고 한다. 이날은 관공의 생일인데 만일 우뢰와 바람의 이상한 일이 있으면 신이 이른 것이라 한다. 이날도 일기가 활짝 갰더니 오후에 먹구름이 사방에서 일어나고 큰 바람이 북동편에서 불어오고 우레와 비가 함께 일어나다가 금방 그쳤다. 여러 사람들이 모두 기뻐서 하는 말이 「관왕님 신령이 강림했다」 한다.

또 신상촌申象村 문집에 보면 남관왕묘에서 손을 보내고 느낌이 있다는 시詩의 서문序文에 보면 「무술년(선조 31년) 봄에 남관왕묘가 낙성되었다. 명나라 장관 유인劉寅[3]이 실로 그 일을 감독하고 군이 선조왕의 친임親臨을 청했다. 선조가 유신들에게 분부하여 관왕의 제사가 사전祀典에 원래 실려 있나 여부를 상고하라 하였다 내가 응교應敎로 옥당玉堂에 입직했다가 대명회전大明會典을 상고해 본 다음 관왕사당은 산천 각신各神의 열에 있어서 봄·가을에 향축香祝을 내리게 되어 있으므로 이를 주달하였더니, 이튿날 선조께서 관왕묘에 거둥하였다. 제전을 마친 뒤에 명나라 장관將官들이 사당 아래 모두 모여서 여러 가지 놀이를 갖추 올리어서 도성 사람들이 실컷 구경했다」 한다.

또 상고해보면 선조 35년에 동묘東廟가 낙성되었다. 이에 앞서 명나라에서 4천금을 무신 만세덕에게 보내고 조서로 말하기를 「관공의 신령은 본래 중국에서 저명했지만, 왜적을 평정하는데도 역시 신령이 나타나서 덕을 보았으니 조선에서도 마땅히 시축尸祝하게 하라」 하였다. 왕이 예조에 분

---

3 진인의 잘못인 듯.

부하여 또 홍인문 밖에 세우게 하였다. 그래서 2년 뒤 봄에 준공하였다. 그 소상의 얼굴과 집과 문간이며 종과 북 모든 것은 모두 중국 제도를 그대로 하고 중국에 사액賜額하기를 청했다. 황제의 분부를 받아 「측건 현령 소덕왕 관공지묘勅建顯靈昭德王關公之廟」라 하였다. 영종 22년에는 왕이 어필로 〈현령 소덕왕묘顯靈昭德王廟〉 6자를 써서 동관왕묘와 남관왕묘에 현판을 달았다. 그리고 남묘 소상 앞에는 또 작은 주상鑄像 한 좌를 안치하였다. 원래 중국에서 가져온 주상이며, 동묘에는 도금鍍金한 주상이다.

열조통기列朝通紀에 보면 「동묘 주상을 만들 때에 만세덕과 여러 장수가 열 개 풍로의 구리 3천8백 근을 다 녹여 부어도 주상이 되지 않았다. 중국에서 나온 감관 한빈韓斌과 우리나라 동장銅匠들이 울부짖으며 종 깨어진 헌 구리 3백여 근을 끌어 모아 녹여서 만들었다」 한다. 남묘 소상은 얼굴빛이 대추빛과 같으므로 모두들 생상生像이라 이르고 동묘에는 도금한 상이므로 사상死像이라 한다. 대개 주상은 마땅히 도금해서 이렇게 해야 될 것이며, 또 소상이 어찌 생사의 구별이 있겠는가. 세속 사람들이 함부로 하는 말은 믿을 것이 못 된다. 남묘나 동묘 문밖에 또 적토마赤兎馬를 만들어 세우고 80근 청룡도青龍刀가 위에 실려 있다. 우리나라 국제國制에 매년 봄 경칩일驚蟄日과 가을 상강일霜降日에 행사하며, 제관은 꼭 장신將臣으로 정한다. 역대 임금이 친히 거둥했는데, 갑옷과 투구를 쓰고 재배례를 행한다. 또 도성 선비집 부인들이 기도하면 영험이 나타나므로 향화의 공양이 사철 끊이지 않는다. 묘정에는 어제의 빗돌과 명나라 도양성陶良性의 비를 쭉 세웠다. 대개 중국에는 곳곳에 신을 안치고 향화를 하는 일이 우리나라에는 서울 남묘·동묘 이외에 명나라 장수 진인陳璘이 강진 고금도古今島에 사당을 세우고 탄보묘誕報廟라 했으며, 설호신薛虎臣은 안동부에 사당을 세우고 모국기茅國器는 성주에 사당을 세우고 유제독劉提督은 남원 성 밖에 사당을 세웠다.

유서애집柳西厓集에 보면 「안동에는 돌을 쪼아서 신상을 만들었는데 영험이 현저하다」 하였다. 종묘와 사직 문묘, 각 신묘에는 모두 수복守僕이 있다. 검정 수건과 붉은 직령直領을 입고 제향할 때에 홀기笏記를 읽는다. 그 중에 남관왕묘 수복을 제일 좋은 자리라고 한다.

선무사宣武祠

도성 남문 안 태평관太平館 서쪽에 있다. 선조 31년에 왜적을 평정한 기념으로 사당을 세우고, 명나라 병부상서 형개邢玠를 제사한다. 어필로 「재조번방再造藩邦」이라는 4자를 써서 사당에 달았다. 또 37년에 사신이 중국 갔을 때에 양호楊鎬의 화상을 구해 와서 함께 제사한다. 선무사는 생사당生祠堂이라고 한다.

영종 38년에 한 간 집을 선무사 뜰 동편에 세우고 명나라의 구원병으로 전사한 장관의 둑[纛]을 향사한다. 따로 행하는 독신묘纛神廟는 옛날 도성 밖 서북쪽에 있던 것을 뒤에 도성 안 예조의 곁으로 옮겼다. 둑이 4개 있었다. 매년 경칩일과 상강일에 행사한다.

덕흥대원군사德興大院君祠

중종의 아홉 번째 아들이며, 선조를 낳았다. 사직동에 있다. 적장손嫡長孫으로 대대로 봉군·봉사하게 하였다. 사당 앞에 능소화凌霄花가 있다.

양녕대군사讓寧大君祠

태종의 장자이며 세종의 형이다. 숭례문 밖 남관왕묘와 건너보이는 곳에 있다. 옛날 그 종손 이지광李趾光이 가난해서 의지할 곳이 없었다. 어떤 관상하는 자가 말하기를 "당신네 집 사당 앞에 있는 늙은 느티나무를 쳐 버리면 당신이 멀지 않아서 귀하게 되리라" 하였다. 그 말대로 했더니 뒤에 영종이 남관왕묘에 거둥하였다가 인가 중에 오뚝한 사당이 있는 것을 바라보고 "누구 사당이냐?"고 물어서 처음으로 양녕의 사당임을 알고 그 자리에서 주손을 불러보고 즉석에서 초사初仕 벼슬을 주고 또 사당을 중수하라고 분부하였다. 마침 그 사당이 늙은 느티나무에 가리지 않아서 왕의 눈에 띄었던 것이다. 지금까지 사람들이 부럽게 그 일을 이야기 한다. 이 지광은 뒤에 수령이 되어 정치 잘하기로 소문났고, 정종 때 벼슬이 충주목사까지 되었다.

원유苑囿

경복궁후원景福宮後苑

여지승람에는 후원에 서현정序賢亭·취로정翠露亭·관저전關雎殿·충순당忠順堂이 있다 하였다.

창덕궁후원昌德宮後苑

창경궁후원과 서로 통한다. 열무정閱武亭이 있고, 곁에 네 개의 샘물이 있다. 마니정摩尼亭·파리정玻瓈亭·유리정琉璃井·옥정玉井이다. 세조 때 뚫은 것이다.

최항崔恒의 서문에 보면 「우리 전하의 즉위한 지 6년 만인 겨울 11월에 창덕궁으로 이어移御하였다. 상감이 원래 샘물을 좋아하였다. 하루는 영순군永順君 부溥에게 분부하여 샘물이 솟을 만한 곳을 물색하라 하였다. 광연정廣延亭 남쪽을 파서 물이 맑고 차가워서 마실만하였다. 상감이 열무정 곁에 필시 좋은 수맥이 있으리라 생각하고 부와 오산군烏山君 주澍를 불러서 보라 하여 과연 두 곳을 얻었다. 모두 바위틈에서 나와 맛이 좋았다. 상감이 부 등을 시켜서 잘 파서 벽돌로 쌓게 하였다. 사람들이 엎드려서 떠낼 수 있게 되었다. 공사를 마치고 왕이 맨 위에 있는 우물을 〈마니〉, 다음을 〈파리〉, 다음을 〈옥정〉이라 하고, 우물 위에다가 돌을 깎아 세우고 이름을 붙였다. 왕이 마니정 노래 한 편을 지어서 여러 신하들에게 보이고 화답해 바치도록 하였다.」

상고해보면 열무정은 지금 봉모당奉謨堂이 되었다. 그리고 봉모당 북편 주합루 앞 연못가에 지금도 돌로 쌓은 샘물 하나가 있고 엎드려서 기를 수 있다. 맛이 심히 맑고 차갑다. 붉은 울타리로 막아있다. 이것이 곧 세조가 뚫은 4개의 샘물 가운데 하나이다. 샘물 남쪽에 또 비각이 있다.

옥류천玉溜泉

창경궁 안 춘당대의 북쪽 후원에 있다. 농산정籠山亭이 있다.

함춘원含春苑

경희궁의 개양문 밖 남쪽 언덕이다. 담을 빙 둘러싸고 나무가 울밀하다. 또 창경궁 홍화문 바깥 동쪽 언덕을 역시 함춘원이라 한다.

이정형李廷馨이 지은 동각잡기東閣雜記를 상고해보면 「성종이 한 번은 후원에서 놀다가 정자 기둥에 한 구절의 시를 썼다. 〈푸른 명주를 잘라 3월 봄버들을 만들고[綠羅剪作三春柳] 붉은 비단으로 2월의 꽃을 마른다[紅錦裁成二月花]〉고 하고, 3일 뒤에 다시 나와서 거닐다가 보니 누군가 그 글귀 밑에 〈만약에 공후公侯로 하여금 이 빛을 시새게 하면[若使公侯爭此色] 봄빛이 들 사람 집에는 오지 않으리[韶光不到野人家]〉라고 발을 달았다. 상감이 깜짝 놀라서 누가 지은 것이냐고 추궁해서 물으니 후원의 문직 군사 신귀원辛貴元의 글이라. 상감이 불러서 그 연유를 물은즉 영고 교생校生으로 낙강落講한 자이라. 즉시 과거에 합격시켜 주도록 하고 세상에 이름이 알리게 되었다.」

궁실宮室

종각鐘閣

중부 운종가雲從街에 있다. 태조 4년에 종각을 세웠다. 세종 때 다시 2층 다락으로 고쳐지었다. 동서로 5간이며 남북으로 4간이다. 사람들과 마필은 그 밑으로 통행한다. 종과 북을 달아서 새벽과 저녁을 알린다. 권근權近의 종명鐘銘이 있다. 중국 사신 동월의 조선부에 보면 「종과 북이 다락에 있고 성내 네거리에 있어서 높고 크다」는 것이 이것이다. 또 종각은 경복궁 광화문 밖에도 있다. 세조 3년에 큰 종을 만들어서 처음에는 사정전에 두려다가 뒤에 여기에 각을 짓고 달았다. 신숙주申叔舟의 종명이 있다. 임진왜란 때에 각은 허물어지고 종만 남았다. 영종 4년에 다시 각을 짓도록 하였다. 그리고 홍인문 안에도 또 작은 종각이 있었다.

문헌비고에 보면 「돈의문 안 정릉사貞陵寺에 큰 종 두 개가 있었다가 절이 없어지고 원각사圓覺寺로 옮겼다가 또 절이 없어져서 김안로金安老가 동쪽 성문과 남쪽 성문에 옮겨서 새벽과 밤에 올리려 하다가 달지 못하고 실패하였다. 임진왜란 때 종루가 불에 타고 종도 역시 녹았다. 환도한 뒤에 다시 누각漏刻(물시계)을 남대문에 달라」 했으며 지금 운종가에 달아놓은 인정종人定鐘과 동쪽 성문 안 작은 종이 함께 정릉 홍천사 종이다. 이러므로 아정雅亭 이덕무李德懋의 성시전도城市全圖 시詩에 「홍천사 큰 종이 운종가에서[興天大鐘雲從街] 높은 집 길 가운데 나는 듯 발돋움한 듯[傑閣當中翼斯跂]」 하였다.
혹은 전하기를 지금 동학東學[1]은 즉 고려 때 사찰寺刹이므로 홍인문 안에 있는 종이 즉 홍천사 종이라 하나, 진부眞否를 알지 못한다. 국조보감에 보면 「예종 원년 7월에 왕께서 종각은 성 밖에 있을 수 없다 하고 우의정 윤자운尹子雲에게 분부하여 성 안으로 옮겨 두었다」 하였다.

상고해보면 지금 숭례문 안 창동倉洞에 종이 땅 속에 묻혀 있고, 겨우 종 꼭지만 보인다 하니, 이 종이 성 밖에서 성 안으로 옮겨졌다는 종 같으나 그 내력을 알 수 없다.

지봉유설에는 「세상에서 말하기를 〈종루 기둥은 싸리나무〉라 한다. 대개 싸리도 큰 것이 있기는 하다」 하고, 또 말하기를 「승지 강서姜承旨緖가 정언으로 있을 때에 문묘 석전제를 치르고 음복을 하고 돌아오는데 그 갈도喝導도 대취하였다. 갑자기 종루를 보고 강정언께 알리기를 향정자香亭子가 옵니다 하니, 공이 눈을 번쩍 뜨고 한참 보다가 하는 말이 "이것이 향정자 아니다. 꾸민 가마[有屋轎]다." 하여 듣는 사람이 웃음을 참지 못했다」 한다.

영종 24년에 왕이 호조의 신하에게 이르기를 "홍인문 안과 광화문 밖에 모두 종 하나씩 있는데 종 곁에 세조와 내전의 휘호徽號가 있고, 또 어제가 있으니 각각 한 간 집을 지어서 안치하라" 하였다.

태평관太平館

숭례문 안에 있다. 중국 사신을 접대하는 곳이다. 집 뒤에 누각이 있다.

---

1 조선 시대 사학(四學)의 하나로 서울 동쪽에 두었다.

동월의 조선부에 「태평관이란 것이 있으니 가운데는 전殿이며, 앞에는 문이 있고, 뒤에는 다락이 있으며, 동쪽과 서쪽에 행랑이 있어서 중국 사신을 접대하는 곳이라」 하였다. 지금은 없어졌다.

문헌비고에 보면 세종 32년에 중국 사신 예겸倪謙이 누각에 올라서 지은 글[登樓賦]이 있고, 세조 3년에 중국 사신 고윤高潤의 등루부가 있으며, 성종 7년에 중국 사신 기순祁順의 등루부가 있다. 지금에 와서는 단지 칙사 올 때에 나례儺禮 준비를 하여 기다리는 곳이 되었다. 성종 7년에 중국 사신 진감陳鑑·장영張寧·장성張城·가유嘉猷 등 여러 사람의 시가 있다.

○ 어서각御書閣—태평관 서쪽에 있다. 재조번방再造藩邦 넉 자를 보관하였다.

동평관東平館

남부 훈도방薰陶坊에 있다. 일본 사신을 접대하던 곳인데 지금은 없어졌다.

북평관北平館

동부 흥성방興盛坊에 있다. 야인을 접대하던 곳인데 지금은 없어졌다.

모화관慕華館

돈의문 밖 서북쪽에 있다. 원래는 모화루慕華樓였었는데, 세종 12년에 관으로 고쳤다. 중국 사신 예겸과 김식金湜의 시가 있다. 관 앞에는 옛날 홍살문[紅箭門]이 있었다. 중종 31년에 쌍기둥 문을 고쳐 세우고 녹색 유리기와를 덮고 현판을 영조문迎詔門이라 했더니, 34년에 중국 사신 설정총薛廷寵이 와서 하는 말이 조서와 칙서가 다른 것이라 하여 영은문

迎恩門이라 고치고 칙사 주지번朱之蕃이 문 현판을 썼다. 모화관 맞은편 잔디밭이 깨끗하고 넓어서 이름을 연향대宴享臺라 하고 칙사를 맞이하고 보낼 때에 어막御幕을 여기다가 설비하였다. 연자루燕子樓가 모화관 옆에 있었다.

남별궁南別宮

남부 회현방에 있다. 요새 와서 칙사 접대하는 곳이다. 다락이 있는데 명설루明雪樓라 한다. 칙사 덕패德沛가 다락 현판을 썼다. 후원에 또 작은 정자가 있고 돌거북[石龜] 한 좌가 있다. 도성 사람들이 거북이 영험 있다 해서 가서 기도하기도 한다.

상고해보면 남별궁은 문헌비고에 기록되어 있기를 「전래하는 말이 태종 때 부마 조대림趙大臨의 집이라 한다. 대림이 비록 광포狂暴하다고는 하나, 생활이 종실宗室과 관계있고 죽은 뒤에 시호를 주었다면 살던 집이 공청으로 몰수될 이유가 없는데 근거 없는 말을 믿을 수 없다」 하였고, 또 징비록懲毖錄에 보면 「계사년(선조 26년) 4월 20일에 서울이 회복되고 중국병이 입성하여 제독 이여송李提督如松이 작은 공주댁에 사관을 정했다」 했으니 즉 지금의 남별궁이다.

또 동사東史를 상고해보면 「선조 때 정부에서 참알례參謁禮를 남별궁에서 행하다가 난리 뒤로 오랫동안 폐했더니 이제 와서 영상領相이 행하니 사람들이 좋은 일이라 하였다.」

정종 2년에 예빈시禮賓寺를 남별궁으로 옮겼는데 명설루에 칙사들의 제시題詩가 많다. 남별궁 동구에 또한 홍살문이 있다. 그 제도는 아름드리 큰 나무기둥을 양쪽에 세우고 위에는 가르새를 설치하고 살로 부채같이 장식하고 모두 붉은 칠을 했으므로 이름을 홍살문이라 한다. 대개 중국에는 사당 문 밖에 따로 돌문[石門]을 세우고 그것을 방주坊柱라 한다. 기둥에 용트림을 조각하며 위에는 돌 현판을 하고 사당 이름을 새긴다. 또 길가에다가 척후斥候도 이러한 돌문을 세우고 네거리의 이수를 새기되 따로 홍살문 제도는 없다」 하였다.

제천정濟川亭

한강 북쪽 언덕에 있다. 경치 좋기로 이름이 있다. 언제나 중국 사신들의 놀이터가 되었다. 지금은 없어졌으나 옛날 칙사 예겸·고윤·진감·장영·김식·장성·기순·진가유陳嘉猷·동월·왕창王敞 등의 여러 시가 있고, 시에 모두 누樓를 일컬었으니 누가 있는 것을 알 수 있다.

국조보감에 보면 「효종 13년 4월에 왕이 서교에 농형農形을 살펴보고 제천정에 올라서 물장난[水戲]을 보았다」 하였다.

반송정盤松亭

모화관 북쪽에 있다. 세상에서 전하는 말이 소나무가 둥글게 서리서리 해서 수십 평이나 덮어서 그늘을 지었다. 고려 때 왕이 남경에 거둥했다가 비를 여기에서 피하였으므로 반송정이라 이름하였다 한다. 조선 초기에도 이 솔이 그대로 있었다 한다.

낙천정樂天亭

살꽂이[箭串]에 있다. 태종이 세종에게 왕위를 물려 준 뒤에 동교 높은 곳에 이궁離宮을 세우고 정자를 낙천정이라 하였다. 변계량의 기문이 있다.

화양정 華陽亭

낙천정 북쪽 언덕 위에 있다. 태조가 한양을 도성으로 정하던 초기에 목장으로 만들었다. 세종 14년에 정자를 세우고 화양정이라 이름하였다. 말을 돌린다는 뜻을 딴 것이다. 유사눌柳思訥의 기문이 있다.

칠덕정 七德亭

한강 아래 백사장 물가에 있다. 세조가 여러 번 가서 열병閱兵하던 곳이다. 그래서 이름 한 것이다. 중종 때 왕이 칠덕정에 거둥하여 열병하였다. 시신侍臣에게 분부하여 안불망위安不忘危의 시를 짓게 하였다.

망원정 望遠亭

양화楊花나루 동쪽 언덕에 있다. 원래는 효령대군孝寧大君의 희우정喜雨亭이던 것을 성종 15년에 월산대군月山大君 정婷이 다시 세우고 망원정이라 하였다. 매년 농형을 살피고 수전水戰을 볼 때에 언제고 이 정자에 거둥하였다. 세종 7년에 왕이 서교에 거둥하여 관가觀稼를 하였다. 밀·보리가 무성한 것을 보고 기뻐서 효령대군이 새로 지은 정자에 올랐더니 때마침 소나기가 내렸다. 왕이 심히 기뻐서 이 정자 이름을 희우정이라 사명하였다. 칙사 예겸·동월의 두 시가 있다. 또 변계량의 희우정기喜雨亭記와 신숙주가 쓴 현판이 있다.

영복정 榮福亭

서강 북쪽 언덕에 있다. 양녕대군의 별장이다. 세조가 자주 거둥하였다. 친히 〈영복榮福〉 두 자를 써서 정자 현판을 하라 하고 「영화는 한 세대, 복은 백년[榮一世福百年]」이라는 여섯 자로 그 뜻을 풀어 주었다.

풍월정風月亭

안국방에 있다. 월산대군이 이 정자를 거처하는 집 서편 뜰 안에 지었다. 성종이 거둥하여 〈풍월〉 두 자를 하사해서 현판하라 하고, 시를 지어서 문신들로 하여금 차운次韻하게 하였다. 여지승람에는 또 강희맹姜希孟·이승소李承召·서거정徐居正·성임成任의 풍월정에 대한 시가 있다.

황화정皇華亭

두모포豆毛浦 북쪽 언덕에 있다. 연산이 이 정자를 지어서 놀이터로 삼았다. 중종이 반정反正한 뒤에 제안대군齊安大君 현琄에게 하사하였다. 지금은 없어졌다.

독서당讀書堂

한강 북쪽 언덕 옛날 용산의 없어진 절에 있다. 성종 때 다시 지어서 독서당으로 하고 홍문관弘文館 글공부하는 곳으로 하였다. 중종 10년에 두모포 남쪽 언덕으로 옮겨서 짓고 글 잘하는 선비들을 뽑아서 공부하게 하였다. 이래서 글공부에 힘쓰는 기풍이 다시 일어났다.

문헌비고에 보면 「독서당은 임진년 병란으로 폐지되었다가 선조 40년에 다시 설치하였고, 숙종 35년 이후에는 다시 시행하지 않았다」 했다.

여지승람을 상고하면 「성종 7년에 독서당을 용산에 지으라고 분부하고 이름을 호당湖堂이라 하였다. 세종 때부터 집현전集賢殿을 두고 조석으로 정치할 방법을 연구 논의하였다. 그리고 또 전문으로 공부하지 않으면 잘할 수 없다 하고, 특히 장기간의 사가賜暇로 산사山寺에 가서 공부하게 하였다.」 즉 장의사藏義寺였다. 편리한 대로 독서하게 하여 인재가 울흥蔚興하였다. 세조 2년에 폐지하였다. 성종이 즉위하자 맨 먼저 예문관藝文館을 개방하고 집현전 옛 제도를 복구해서 오늘까지 내려왔다. 역대 선왕의 고사故事를 채수蔡壽·허침許琛·권건權健·조위曺偉·유호인兪好人·양희지楊熙止 6인에게 사가하고 또 김감金勘 등 8인은 장의사에 나가서 독서하도록 분부하였다. 창고 맡은 사람은 쌀을 보내주고 술을 맡은 사람은 술을 보내주고 또 중사中使를 보내서 하사한 물품이 많았다. 그래서 터를 잡아서 서당을 열었다. 용산에 낡은 절이 있는 것을 다시 지어서 독서당이라 사명賜名하였다. 이것이 이른바 호당이다. 이 중에 뽑힌 사람은 모두 공정한 추천으로 엄정히 뽑은 것이다.

성종 때 수정잔[水精盃]으로 어주를 독서당에 하사하였다. 홍문관 관원이 도금鍍金한 것으로 잔대를 만들고 거기에 새기기를 「맑아서 짙지 않고 비어서 받을 수 있으니 그것을 본받아 저버리지 말기를 생각하라[淸不涅, 虛能受, 德其物, 思勿負]」 하였다.

김안로가 지은 용천담적기龍泉談寂記에는 「세종께서 문치文治에 힘쓰기를 역대 제왕들보다 뛰어났다. 세종 2년에 집현전을 설치하고 글 잘하는 선비들을 골라서 채우고 문한文翰을 전문으로 맡아 보게 하고 조석으로 토론하고 연구하니 인재를 얻는 것이 이때에 제일 많았다」 했다.

집현전 남쪽에 큰 버드나무가 한 그루 있었다. 세종 31년과 32년 사이에 흰 까치가 와서 둥지를 지었다. 이 수년간에 중요한 직책을 맡고 있는 사람이 모두 집현전 출신이었다. 정인지鄭麟趾·이사철李思哲·정창손鄭昌孫·이계전李季甸·안지安止·김조金銚·김돈金墩·김구金鉤·김말金末·신숙주申叔舟·권남權擥·최항崔恒·이석형李石亨·윤자운尹子雲·어효첨魚孝瞻·노숙동盧叔仝·양성지梁誠之·성임成任·이극감李克堪·김예몽金禮蒙·노사신盧思愼·한계희韓繼禧·홍응洪應·이승소李承召·이파李坡·이병李苪·강희안姜希顔·강희맹姜希孟·서거정徐居正과 같은 이다. 그 외는 다

기록할 수 없다 하였다.

유하정流霞亭

두모포에 있다. 원래는 수진궁壽進宮에 소속된 공청이다. 정종 5년 규장각奎章閣에 주어서 여러 각신들의 별장으로 놀이하게 하였다.

세검정洗劍亭

창의문 밖 탕춘대에 있다. 인조가 반정할 때에 군사가 창의문으로 들어왔으므로 세검정이라 이름하였다.

압구정鴨鷗亭

한강 남쪽에 있다. 즉 상당부원군上黨府院君 한명회韓明澮의 정자다.

남효온南孝溫이 지은 추강냉화秋江冷話에 보면 「상당이 정자를 짓고 이름을 압구정이라 하였다. 공신으로 책정하기를 한충헌韓忠獻에 비겨서 깨끗하게 물러난 이름을 얻으려고 강호에서 늙어 죽으려 사퇴하였다. 왕이 시를 지어서 작별하고 조정 문사들도 다투어 가면서 차운한 것 여러 수백 편이다」 하였다.

정업원淨業院

흥인문 밖 동망봉東望峯 밑 연미정동燕尾汀洞에 있다. 즉 단종왕비 정순왕후定順王后 송씨宋氏가 궁을 물러난 뒤에 거처하던 옛터이다. 영종 47년에 어필로 정업원 옛터[淨業院舊基] 다섯 자를 써서 비석을 세우고 또 동망봉東望峯 세 자를 써서 정업원 맞은편 산 위의 돌에 새기라 하였다. 즉 송씨가 올라가서 영월 단종이 있는 곳을 바라보던 곳이다.

상고해보면 지금의 정업원에는 집이 없고 하나의 돌장기판이 있다. 또 지금 동문 밖 관왕묘 앞에 여인女人들의 채소 파는 시장이 있다. 세상에서 전해오기를 「단종비 송씨가 정업원에 있을 때에 채소의 공급이 떨어져서 동교의 여인들이 시장을 정업원 앞에 개설하고 채소를 거두어서 공급하였다. 이 뒤부터 여인들의 채소시장이 지금까지 철폐하지 않는다」 한다.

국조보감에 보면 성종 20년에 성종의 생모 한씨 인수대비仁粹大妃가 불상佛像을 만들어서 정업원에 보낸 것을 유생 이벽李鼊 등이 가져다가 불태웠다.

자수원慈壽院

옛날 북부에 있었다. 즉 여승들의 집이다. 인수원仁壽院도 있었으나 지금은 함께 없어졌다.

국조보감을 상고해보면 「현종 2년에 부제학 유계兪棨가 도성 안에 있는 이원尼院을 모두 함께 철훼撤毁하기를 청하여, 왕이 성내에 있는 자수원과 인수원의 두 승방僧房을 폐지하라 분부하였다.

영의정 정태화鄭太和가 말하기를 "그전부터 궁녀들이 늙어서 자식 없는 사람들이 이 원에 많이 거처하고 선왕의 후궁도 역시 나가 있는 사람이 있어서 난처합니다." 하니 왕의 말씀이 "지금은 있지 않다." 하고 곧 예관禮官에게 분부하여 자수원에 나가서 역대 왕실 위판을 봉안해 내서 봉은사奉恩寺의 전례에 의하여 즉시 깨끗한 곳에 매안埋安하게 하였다」 했다.

이 두 승방의 사적은 대개 이렇다. 지금 장동壯衕 장흥고長興庫 근처에 돌다리가 있는데 자수궁 다리라 하니 즉 옛날 이 자수궁 다리인가 한다. 인수원 옛터는 알 수 없다.

또 상고해보면 우리나라 정문旌門 제도는 바깥 대문에 붙여 세우고 붉은 빛을 칠하며 글자를 새기고 거기에 백분으로 바르기를 「충신 무슨 대부 아무 공의 문[忠臣某大夫某公之門], 효자 무슨 대부 아무 공의 문」이라 한다. 이것이 즉 중국 당나라 때의 제도이다. 그 전에 전목재錢牧齋의 글을 보니 「나라에서 정문하는 제도는 당나라 때부터 시작되었다. 머리가 새까만 두 개의 기둥을 한 길 높게 하고 흰빛으로 씌우고 두 각은 붉게 하여서 보는 사람으로 하여금 마음을 돌려서 행실을 고치게 함이라」 했으니, 우리나라 정문이 거의 중국 제도를 모방한 것을 알 수 있다. 경성 안 궁실의 제도는 사부士夫들집 안바깥채가 5간 솟을대청이며 6간의 나무 헌함이고 솟을대문을 세우고 문 양쪽에 행랑을 죽 늘여 세워서 비복들이 간마다 거처하는 것이 이른바 대가사大家舍 제도이다. 성중의 갑제甲第는 이른바 8대가라 해서 값이 수 천금이 되고, 여염 평민은 감히 솟을대문을 못 세우고 작은 판자문을 설치한다. 또 궁 대문에는 설날에 금 갑옷 입은 두 장군의 화상을 그려 붙인다. 하나는 도끼를 들고 하나는 기를 가지고 있다. 이것을 문배門排라 한다. 또 비단 도포에 까만 모자 쓴 작은 화상은 일각문에 붙인다. 또 혹은 귀신 머리를 문 위에 그려 붙이기도 한다.

송민구宋敏求의 춘명퇴조록春明退朝錄에 보면 「집집마다 장도천문수위금갑인[章圖天門守衛金甲人]을 봉안하며, 갈 장군葛將軍은 정旌을 맡고 주 장군周將軍은 절節을 맡는다」 했으니 지금의 문배라는 것이 필시 갈·주 두 장군일 것이다. 사대부가 대문 안에 있는 것은 필시 수레나 말을 탈 때의 오름돌이다. 이것이 즉 주례周禮에 「왕이 행차하면 승석乘石을 씻는다」는 것이다. 또 시전에 이른바 「자그마한 돌이 있다」는 것이다. 양승암楊升庵 문집에 보면 「승석은 말에 오르는 대[上馬臺]를 말한 것이라」 하였다.

지금의 승석은 대문 안에 있으되 주인이 만일 정승이 되면 정부 녹사祿事가 반드시 이 승석을 대문 밖에 옮겨 놓는 것은 어떠한 사람이라도 감히 정승의 문안에서는 말 위에서 내려올 수 없다는 것이다. 승석은 우리나라에서는 노석露石이라 한다.

또 경도잡지京都雜誌에 보면 「사대부의 제택第宅은 그 대문을 높다랗게 한다. 경재卿宰의 시종侍從이 초헌軺軒을 타거나 말 위에 앉아서 대문을 출입할 때에 여러 하인들이 "오른쪽" 하고 아뢴다. 오른쪽은 위를 말함이며, 아뢰는 것은 그 갓 모자가 문 위에 걸릴까 보아서 고하는 것이다. 청 앞에 서까래를 걸치고 부들과 갈대로 일산 형상을 학이 나는 깃의 형상을 한다. 이것을 노송취병老松翠屛이라 한다. 청 안에는 유황지油黃紙를 깔아 마치 기름이 엉긴 듯이 미끄럽다. 그 위에 용수초龍鬚草로 수복壽福 무늬를 넣은 자리를 다시 깔고 꽃무늬의 공기창을 두고 7자의 겹창을 만들어서 마음대로 여닫게 한다. 종이를 바르고 기름과 밀랍을 칠해서 맑기가 짙은 은빛 같다. 유리를 끼워서 밖을 내다보게 하였다. 또 여염집의 새로 한 판자문에는 경신년庚申年 경신월 경신일 경신시 강태공조姜太公造라 썼다. 대개 금金이 목木을 이겨서 동태가 없으라는 의미이다.」

궐내각사闕內各司

창덕궁내昌德宮內 각사各司

승정원承政院

인정전 동쪽 연영문延英門 안에 있다. 왕의 명령을 출납出納하는 직책을 맡았다. 이조·호조·예조·병조·형조·공조의 6방 승지를 둔다. 승정원에 다락이 있다. 현판을 〈육선루六仙樓〉라 하였다. 또 상서성尙書省·은대銀臺의 두 현판이 있다. 모두 이현석李玄錫의 글씨다. 정청에는 계자판啓字板을 모셔두고 매일 새벽에 승지들이 출근하여 계자판 앞에 늘어앉아서 각 방의 문서와 사무를 정리한다. 신시申時가 된 뒤에 퇴근하고 승지 둘은 숙직하고 주서注書 둘과 사변주서 한 사람을 가주서假注書라 한다. 그 청 방이 승정원 북쪽에 있으므로 당후堂后라 한다. 현판은 서문중徐文重이 썼다. 동편 다락을 사선각四仙閣이라 하는데 현판을 이현석이 썼다. 당후의 동편 방은 즉 한림翰林으로 겸춘추兼春秋가 거처하는 곳인데 현판을 〈우사당右史堂〉이라 하고, 또 현판을 〈기거주실起居注室〉이라 하고 정하언鄭夏彦이 현판을 썼다. 주서의 직소直所 방 북편에 또 한 간 작은 방이 있는데, 보통 곽방槨房이라 한다. 즉, 기주관記注官의 사초史草를 간수하는 곳으로 다른 사람은 감히 들어가지 못한다.

대루원待漏院

금호문 밖에 있다. 승지가 새벽에 와서 문 열 때를 기다리는 곳이다.

문헌비고에 보면 「태조 원년에 고려 때 제도대로 중추원中樞院에 도승지都承旨 · 좌승지 · 우승지 · 좌부승지 · 우부승지 각 1인과 당후관 1인을 두었고, 태종 원년에 도승지를 지신사知申事라 고치고 승지를 대언代言이라 고쳤으며, 세조 때 관제를 개정해서 중추원을 가르고(즉 지금의 중추부) 지신사 이하의 관원은 승정원에 두고 왕명을 출납하는 직책을 맡게 하였다. 도승지는 이방을 맡고, 좌승지는 호방을 맡아서 이상을 동벽東壁이라 하며, 우승지는 예방을 맡고, 좌부승지는 병방을 맡아서 이상은 서벽이라 하며, 우부승지는 형방을 맡고, 동부승지는 공방을 맡아서 각 1인씩이고 주서 2인은 참하관參下官으로 새로 임명한 사람이다. 이 사람들이 유고하면 임시가관假官을 임명한다.」

선조 때에는 사변 가주서 1인을 더 두어서 비변사備邊司와 국옥國獄 문서를 전문으로 맡아 보게 하였다. 옛날은 승지 한 사람만이 입직하던 것을 세조 때부터 2인을 입직하게 하였다.

성종 15년에 왕이 친히 왕우칭王禹偁의 대루원기待漏院記를 써서 승정원에 주었다. 숙종 때에는 은잔 한 거리를 하사하고, 어제 어필로 잔 복판에 16자를 새겼다.

영종 때에는 은잔을 가져다가 보고, 잔대에다가 어지御識를 새기고 도금하였다.

청창연담靑窓軟談에 보면 백사白沙 이항복李恒福이 여름에 승정원에 입직해서 한 절구絶句의 시를 지었다. 「깊은 방 먼지 속에 숨은 답답한데[深室霾炎氣鬱紆] 꿈에 갈매기 되어 맑은 호수에 목욕한다[夢爲鷗鷺浴淸湖]. 비록 이 몸은 변해서 새가 되었으나[縱然外體從他幻] 연기 속 한가한 정은 역시 내로구나[烟雨閑情却是吾]」 하였다. 그 기상이 심히 좋았다.

인조 때에는 대소 공사를 아무나 꼭 자기가 주계奏啓하여야 하므로 이 규정은 없어지고 말로서 승지에 전하면 주서가 문자로 만들어 주계하게 되었으며, 그 뒤에는 초기草記라는 것을 쓰게 되어 마치 상소上疏와 차자箚子같이 하였다. 지금 정원일기에 쓰기를 「아무 승지가 무슨 관청의 아무개의 말로 주계하옵니다」고 한 것은 대개 옛날 법규를 둔 것이다.

지봉芝峯 이수광李睟光이 말하기를 「수령守令들과 변방 진장鎭將들이 숙배肅拜하고 하직하는 날 정원政院에서 선유宣諭하는 것은 규정으로 되어 있으나, 임진왜란 뒤에 이 규정이 없어졌다. 수광이 승지 때에 승정원에서 옛 법을 복구하기로 논의하고 문자를 만들어서 선유하기로 하여 지금껏 준행한다」 하였다.

지금 규정으로는 수령이 하직할 때에 정원 계판 앞에 나와 엎드려서 먼저 수령이 해야 할 7조목을 외고 뒤에 승지가 선유한다. 7조목은 농상성農桑成·호구증戶口增·학교흥學校興·군정수軍政修·부역균賦役均·사송간詞訟簡·간활식姦猾息이다.

또 상고해보면 승정원에서 일기가 있는 것은 세조 때부터 시작되었다. 세조 이전에는 단지 한림시정기翰林時政記만 있었다. 세종이 일찍이 사관史官의 기사가 엉성하다고 집현전 학사들에게 모두 사관의 직책을 겸하게 하여 기사를 풍부하게 하고, 처음으로 주서의 기주법記主法을 세웠다. 분부하기를 "승지들도 기록하게 하라" 하였다. 승지로서 사관직을 겸한 것은 실로 여기에서 시작된 것이다.

문신文臣들의 삭서朔書는 승정원에서 뽑아 올린다. 품관인 통훈通訓 이하로 나이 40세 이하 사람은 매삭에 해자楷字와 전자篆字를 쓴다. 해자는 백 자를 채우되 초서까지 곁들이고, 전자는 40자의 대소 전자를 채우며 상방上方 대전 이외는 금단하고 2품 이상관으로 등급을 매겨서 입계入啓하게 하되 30세 이상에만 한정한다. 등급은 3등상까지 지필묵紙筆墨을 차이가 있게 준다. 승정원 가운데 조예皂隷들이 가장 많다. 대개 50여 명이나 된다. 이것을 전명사령傳命使令이라 한다.

내각內閣

보통 부르기를 규장각奎章閣이라 하고, 또 이문원摛文院이라고도 한다. 금호문 안 홍문관 바른편에 있다. 옛날 도총부都摠府 집이다. 역대 왕의 어제御製·어필·선보璿譜·세보·고명顧命과 당대의 어제·어필을 맡아서 보관하는 곳이다. 정종 3년에 설치하고 각신 6인과 검서檢書 4인을 두고 여기에 번갈아 입직하는 곳이다. 정종의 어필로 〈이문지원摛文之院〉이라 현판을 썼다. 또 앞에 헌함이 있는데 〈규장각학사지서奎章閣學士之署〉라 현판을 달았다. 앞 간에 하사한 종과 경쇠가 있다. 그런데 종은 명나라 영락永樂 때 황제가 보내 준 것이므로 〈영락종永樂鐘〉이라 한다. 또 왕이 하사한 투호投壺·거문고·비파·은잔·큰 벼루 하나와 옥등잔 6개를 청 들보에 걸어두고 뜰에는 구리로 만든 측우기測雨器를 두었다. 내각집의 넓고 큰 것이 여러 관청 중 제일이었다. 대유재大酉齋는 북쪽에 있고, 현판은 각신 정지검鄭志儉이 썼다. 다락이 있다. 이름이 동이루東二樓인데, 현판은 각신 정민시鄭民始가 썼고, 소유재小酉齋 현판은 각신 이만수李晩秀가 썼는데, 이문원 왼편에 있다. 검서관의 수직하는 곳이다.

규장각지奎章閣志를 상고해보면 「정종 3년에 규장각을 세우고 송나라 용도각龍圖閣 제도를 모방해서 제학提學 2인, 직제학 2인, 직각直閣·대교待敎 각 1인씩을 두고, 또 검서관檢書官 4인을 두어서 일성록日省錄을 출초하는 것을 맡아 보고 함께 내각일력內閣日曆·교서校書·사서寫書하는 차비관差備官 등 일을 쓰게 하며, 또 승문원承文院의 문신 참상參上·참외參外로서 나이 37세 이하 사람들을 골아서 초계문신抄啓文臣이라 하고 내각에 소속되게 하여 매월 왕이 친히 나와서 강제講製를 하여 1년 점수를 계산해서 성적으로 상과 벌을 실시하였다」 하나 지금은 초계문신도 없고 각 중에는 각신 1인과 검서관 1인만 있어서 함께 지키고 있으며 각신은 입직할 때 옥당玉堂의 옛일에 의하여 평복으로 갓을 쓰고 의자에 앉아 있게 한다. 각신의 소패召牌는 상아로 만들고 붉은색 끈이며 왕의 도장이 찍혀 있으므로 소명召命이 있으면 감히 안 갈 수 없었다. 직제학·직각·대교의 전도前導하는 조예는 송나라 때 학사學士와 우리나라 호당의 전례를 참작해서 귀가 나온 검은 두건을 쓰고 자줏빛 옷을 입고 금패金牌를 메고 인도한다. 각신이 원문院門에 들어갈 때에는 자줏빛 옷 입은 서리 1인이 앞을 인도한다. 역시 송나라 한림학사를 자줏빛 서리가 쌍으로 인도하던 사례이다. 왕이 성 밖에 행차할 때에는 내각 각신과 검서관을 호위하게 하고 사복시 말을 주어서 호종扈從하게 한다.

또 상고해보면 규장각을 설치할 초두에 내內규장각 동편 언덕 밑을 수리할 일이 있어서 과거 볼 때에 이문원을 잠그고 내각 학사들의 모여 앉는 곳을 만들었다가 금원禁苑과 너무 가깝다 하여 곧 영숙문永肅門 밖 국별장청局別將廳으로 옮겼으나, 지세가 삐뚜름해서 모두 좋지 못하다고 하여 정종 5년에 제학 유언호兪彦鎬가 차자를 올려서 말하기를 「내각을 설치한 것은 위로 역대 어적御蹟을 봉안하게 했으니 멀리 용도각·보문각寶文閣을 모방한 것이며, 아래로 인재를 배양하게 되면 가까이 집현전 독서당과 비슷한 것이온데, 이문원을 영숙문 밖으로 옮기게 되오면 그 직책은 가장 친밀하나마 그 거처는 너무 멀어서 주선하고 기거하기에 일상 스스로 안정되지 못한 일이 있습니다. 이것이 옮기지 않을 수 없는 일이오며 부득이 옮기려면 궁중에 있는 여러 관청 가운데 오직 도총부都摠府가 신구新舊 두 곳이 있사오며 전에도 여러 번 옮긴 일이 있습니다. 그러하오나 도총부는 즉 어첩御牒을 봉안한 곳이며, 선대왕께서 기거하시던 곳이오라 신이 이럼으로써 주저하는 바이오나 부중의 역사를 상고해보면 처음에는 만수전萬壽殿 옛터에서 동소東所로 옮겼고, 또 옛날 자리로 옮겼으며 경희궁이나 창덕궁에서도 여러 번 옮겼으니, 어첩을 옮겨서 봉안하는 것은 이 번이 처음이 아니옵니다. 또 전왕 경진년(영조 36년)에 도총부의 어제 게판揭板에 임진년부터(숙종 38년) 갑오년까지 도총부 관원이 제배除拜하고 입직한 월일月日이 쭉 쓰여 있으며(영조가 즉위하기 전에 도총부 도총관을 지냈음), 그리고 숙종조일기를 상고해보면 임진년부터 갑오년까지 시어소時御所가 모두 경희궁에 있었으니, 선왕께서 기거하시던 도총부는 경희궁의 도총부이며 창덕궁의 도총부가 아닙니다. 도총부는 옛 곳으로 옮기고 이문원을 이곳으로 옮겨오면 참으로 두 가지가 모두 제자리에 적당할까 하옵니다」 하니 왕이 비답하기를 「청한 바는 그대로 하고 금후에 규장각과 도총부는 있는 곳에 있도록 하라. 내가 경卿의 덕으로 고사를 알아낸 것이 많다」 하고 곧 이문원을 도총부로 옮기고 도총부는 도로 명정전 남쪽에 있는 옛날 집으로 옮기도록 하였다. 정종 5년 3월 15일에 새 집으로 옮기었다.

대유재는 정종 때 새로 세우고 당초에는 이름이 없었다. 정종이 나의 선친에게 분부하여 이름을 지었다. 집 앞에 묵은 전나무 한 그루가 있어서 서리서리 덮여 있고 그 밑에는 백 명쯤 앉힐 수 있다. 이 나무는 원래 촌은村隱 유희경柳希慶의 뜰 안에 있던 것이다. 옛날 궁장 서편이 좁아서 서쪽 궁장을 뻗쳐 쌓아 이 전나무가 금원 안으로 들어오게 된 것이다.

소유재는 정종 19년 정월에 왕이 이문원에 납시었다가 검서관의 직소直所가 협착하다고 해서 규장각에 분부하여 재력을 마련해서 옛 청廳 옆에 다시 건축하게 하였다. 검서관 박제가朴齊家가 그 공사를 감독하여 이해 9월에 준공하였다. 넓이가 5간이며 옆으로 2간이다. 판목으로 담을 막고 흙을 쓰지 않았다. 동편은 금기천禁起川에 닿아서 누 밑에는 냇물을 끌어다가 못으로 하고, 북악을 뒤로 남산을 전면으로 물 위에 조각한 난간이 심히 풍경이 좋다. 왕이 납시어 하룻밤 주무시고 그 뒤로부터 어재실이 되어서 이름을 소유재라 하였다. 검서관을 시켜서 수직하게 하였으므로 검서관 직소가 되었다. 금상(순조) 26년인 병술년 3월에 세자가 춘향春享 때 왕을 모시고 소유재에 재숙齋宿하였다. 예제睿製로 재숙, 소향燒香 독춘추讀春秋 오언팔운율五言八韻律 시를 친히 써서 벽 위에 붙였다. 지금은 모각模刻해서 게판했다.

◯ 각 중에 측우기 두었던 석대石臺에 새긴 명銘이 있다.

측우기는 실로 세종 24년에 시작되었다. 구리로 만들었다. 높이가 1척 5촌이며 지름이 7촌이다. 서운관書雲觀과 각 도의 고을에 두고 비올 때마다 그 깊이를 재서 보고하게 하였다. 영종 46년에 옛날 제도를 본떠서 창덕궁·경희궁 두 궁궐과 8도와 한성부·개성부에 만들어 두었다. 그 그릇은 비록 작으나마 세종과 영종 두 성군께서 수재와 한재를 다스리는 데 크게 힘쓰신 뜻이 있으니 어찌 소중하지 않으랴. 왕(영조)의 6년 여름에 경기도가 크게 가물어서 기우제를 여러 번 올렸으나 영험이 없었다. 이래서 우리 성상께서 자기를 죄책하고 언로言路를 터놓으며 몸소 우단雩壇에 기도를 올리는데 일산을 물리치고 예복을 갖추고 저녁이 지나도록 노처露處하며 제사를 올린 뒤에도 앉아서 아침을 기다리고 날이 샌 뒤에 옥문 밖에 대가를 머무르고 사형수 이외의 경한 범죄는 모두 석방하였다. 이날 도성 안 사녀士女들이 우러러보고 감격해 하였다. 우는 사람까지 있어서 하는 말이 "성상께서 백성을 위해서 이렇게도 애쓰시니 어찌 비가 오지 않을 것이며, 비가 비록 오지 않더라도 백성들이 기꺼워하는 것은 비온 것과 같다."고 하였다. 해가 지기도 전에 과연 큰 비가 밤까지 내려서 1촌 2부나 쌓였으니 이것은 실로 우리 성상께서 지성하심에 하늘이 감동한 것이다. 그래도 마음에 미흡未洽한 것을 걱정하시고 내각에 분부하여 측우기를 이문원 뜰에 설치하고 기다리게 하였다. 비가 이미 흡족해서 신 염조念祖와 신 지검志儉에게 글을 쓰라 하시니 대개 기쁨을 기념하려 한 것이다. 신 등은 가까이 모시고 있는 신하들이라. 그 비가 오지 않을 때엔 먼저 성상께서 백성을 위하여 걱정을 할 것을 알고 감히 그 걱정을 같이 하지 않을 수 없었으며, 비가 오고서는 꼭 먼저 우리 성상께서 백성을 위해 기꺼워할 것을 알고 감히 그 기쁨을 함께 하지 않을 수 없다. 이 측우기에는 임금과 백성들의 걱정과 기쁨이 얽히어 있으니 신 등이 감히 공순하게 지키고 삼가 기다리지 않겠으랴. 그래서 두 손을 모으고 머리를 조아려서 명銘을 한다. 1분 1촌을 상상해서[想此分寸] 저 전국 사정을 알 수 있다[度彼方墺]. 적으면 가물까 보아 염려하고[少固慮旱] 많으면 홍수에 상할세라[多赤傷澇]. 이로부터 언제고[繼兹萬年] 적당하기만 비노라[惟適是禱].

직제학 신 심염조沈念祖는 분부를 받아 글을 짓고 직제학 신 정지검鄭志儉은 분부를 받아 글씨를 씀.

◯ 종경가鐘磬架도 역시 각명刻銘이 있다.

규장각 앞 기둥의 왼편은 특히 경쇠를 달 곳인데 종을 달았다. 이 종은 중국 영락시대의 황제가 하사한 것이며, 경쇠는 금상(정조) 5년에 만든 것이다. 규장각을 옮길 때에 바른편에 두었다. 특지로서 궁내에 있던 악기를 장식했는데 이 두 악기가 그것이다. 대개 내각 학사로 하여금 성대聖代의 좋은 법도를 선양하게 하고, 호아제의 융숭한 대우를 고맙게 하려하며, 명랑한 왕의 사랑이 학사들의 예절에 쏠린 것을 친히 행하고 또 도덕의 빛남을 보려 함이니, 감히 공경하지 않겠으랴. 지나간 무술년(정조 2년)에 옛날 경쇠가 성균관의 못가에서 나왔다. 왕이 그 일을 이상하게 여기고 맡은 관원으로 하여금 그 일을 기록하게 하고, 곧 신 병모秉模를 규장각 관원으로 임명하고 규장각의 종과 경쇠에 명銘을 지으라 하였다.

명銘을 하기를 구부린 것은 추창하는 것 같고[句而折趨采] 부드러운 소리는 군자의 화기 같다[齊而步肆夏]. 쨍쨍한 소리는 무사의 기운 같고[鏗而武肅氣] 부드러운 소리는 군자의 화기 같다[容而偕大雅]. 물고기 못에 있는 것 같고[魚躍在淵] 나는 새 하늘에 닿은 듯[有飛戾天] 멀다고 인재가 없을까[遐不作人] 군자는 만년을 가도다[君子萬年]

직제학 신 이병모李秉模는 삼가 씀.

○ 유하정流霞亭—두모포豆毛浦에 있다. 정종 5년에 3월과 9월 춘추 두 차례로, 국초에 있어서 신하들의 놀이하던 옛일과 호당湖堂의 전례에 의하여 내각에 사가를 주어서 유하정에 풍류놀이를 하게하고, 내각관원으로 실직이 없는 사람도 또한 나가서 독서하게 하였다. 규장각에 길들인 학 한 쌍이 있다. 황해도 연안에 관문을 보내서 바친 것이다. 그러므로 이문원 창고에 학료鶴料가 있다. 이문원 뜰에 두 그루 느티나무가 있다. 옛날 총관 이철보李喆輔가 심은 것이다. 20년 전에 동편 한 그루가 말라서 썩었다. 내각제학 극옹屐翁 이만수李晩秀가 그 자손이므로 어린 느티나무 한 그루를 대로 심었다.

사옹원司饔院

승문원 동편 단양문端陽門 안에 있다. 왕의 반찬과 궐내의 음식 대접하는 일을 맡았다. 분원分院은 광주廣州에 있다. 서울에 있는 낭관郎官들이 나가서 자기磁器를 구어 만든다. 또 생선 대는 곳은 경강京江 행주杏洲와 안산安山에 있다. 낭관이 나가서 위어葦魚·소어蘇魚와 같은 생선들을 잡아서 공상供上에 충당한다.

주례周禮를 상고해보면 선부膳夫·내옹內饔·어인漁人이라는 직책은 모두 천관天官(이조)에 매어 있으므로 사옹원은 지금 이조에 소속되었다. 영종이 왕위에 오르기 전에 사옹제조를 하였으므로 그 직첩을 지금까지도 사옹원에 간수해 두었다가 영종이 등극 후에 사옹원을 찾아서 어필로 원벽에 게판揭板하였다. 〈옛날을 추억하매 만 가지 회포로 써 붙인다[追憶昔年懷萬書付]〉 하였다.

상의원尙衣院

단봉문丹鳳門 안에 있다. 왕의 의복과 내부의 보화와 금은 장식품을 맡았다. 조선 태조 원년에 고려 때 제도에 의해서 공진서供進署를 두었다가 뒤에 상의원이라 고쳤다. 김만기金萬基가 기문을 지었다.

○ **불면각**黻冕閣—상의원 동편에 있다. 숙종 계비 인원왕후 부친인 경은慶恩부원군 김주신金柱臣이 이 집을 세웠다. 왕의 법복法服을 간수하던 곳이다. 영종 5년에 어필로 〈불면각〉이라 현판을 썼다. 또 왕이 지은 창덕궁과 경희궁에 있던 불면을 봉안했던 각의 기문이 있다. 지금 불면각에 걸어놓았다. 경희궁 안에 있던 상의원에는 치미각致美閣이 있었다.

상고해보면 태조 3년에 명나라 황제가 면류관 곤룡포와 구장옥패九章玉佩며, 왕비에게 주취칠적관朱翠七翟冠과 하피霞帔·금추金墜를 보내오고 태종 2년에 9장 면복을 보내왔다. 즉 옥규玉圭·현면玄冕·회의繪衣·훈회상纁繪裳·대대大帶·백회중단의白繪中單衣·쌍패雙佩·홍수紅綬·백라방심곡령白羅方心曲領·훈증폐슬纁繒蔽膝·비말緋襪·비석緋舃이다. 선조 29년 왜란으로 피난할 때 명나라에서 보낸 고명誥命과 면복을 잃어버려서 사신을 보내서 주청奏請했더니 황제가 면복과 고명을 보내면서 「위를 섬기고 아랫사람을 대할 때에 이로서 옛날 위의威儀를 갖추게 하라」 하였다. 인조 3년에도 황제가 고명과 면복을 보내왔다. 상의원에는 지금껏 명나라 의복 제도가 전해 와서 왕의 의복을 장만한다. 그런데 면복·평천관平天冠·강사포絳紗袍·원류관遠遊冠·익선관翼善冠·초피이엄貂皮耳掩은 모두 상의원에서 만들어 바치되, 곤룡포는 대내大內에서 만든다. 상의원에는 침선비針線婢 20명이 있다. 충청도·전라도·경상도와 강원도 각 고을의 기생으로 뽑아 올려서 의복과 패물의 바느질을 한다. 상방의 은그릇은 전례에 중국 연경燕京에서 사들인 옥전사玉田沙로 닦아서 광을 내게 했으나, 급할 때에는 시민들에게 징발하여 두어말 값이 거의 7·8백금이 들어갔다. 영종 3년에 영영 폐지하게 하여 시민의 폐단을 덜었다.

빈청賓廳

연영문 밖에 있다. 대신과 비변사 당상들이 입시하거나 청대請對할 때 와서 모이는 곳이다. 그러므로 빈청이라 한다. 청 이름은 비궁당匪躬堂인데 사가四佳 서거정徐居正의 기문이다.

대청臺廳

승정원 서편에 있다. 사헌부司憲府와 사간원司諫院의 대관臺官들이 주계奏啓할 일이 있으면 여기에 와서 지체하는 곳이다. 이 대청에 옛날 온돌방이 있었으나, 숙종 때 대관들이 간쟁諫諍하는 풍속을 숭상해서 비록 추은 날씨라도 대청에 와 앉아서 논계하기를 그치지 않는 일이 많으므로 숙종이 이것을 꺼리고 온돌방을 없애 버렸다. 이 뒤부터 청마루뿐이고 온돌방은 없어졌다 한다.

정청政廳

연영문 옆 동쪽에 있다. 전관銓官(人事 맡은 관원)들이 공사를 하는 곳이다. 빈청 옆에 지금 샘물이 있다. 그리고 병조의 정청은 옛날 이 우물 서쪽에 있었으나, 지금은 없어지고 병조 공사 때마다 빈청의 서편 청을 빌려 쓴다.

향실香室

인정전 서편에 있다. 각 제향 축문과 봉향封香을 맡아서 쓴다. 그 관원은 충의忠義라 하고 공신들의 자손으로 하며, 향관香官은 참하문관參下文官으로 하고 날마다 숙직을 교대로 한다. 상고해보면, 남계南溪 박세채朴世采가 전에 향실 충의로 있었고, 상정승尙政丞 진震이 향관으로서 정승이 되었으므로 향실 선생 가운데서 지금껏 말들을 한다.

홍문관弘文館

내의원內醫院 서편, 내각 동편에 있다. 내부內府의 서적과 국가의 문한文翰을 맡아보며, 왕의 질의를 설명한다. 보통 부르기를 옥당玉堂이라 한다. 사헌부와 사간원과 합해서 3사司라 한다. 성종 9년에 영사領事·대제학大提學 이하의 관원 30인을 설치하고 날마다 교대해서 입직과 숙직을 하고 경서와 사기를 왕에게 강의하게 하였다. 봉교奉敎 이하의 8인은 기사·

주서注書·사명詞命을 전문으로 맡아보게 하였다. 옥당에 영종의 어필로 〈학사관學士館〉이라 쓴 현판이 있다. 또 팔분체八分體로 옥당이라 쓴 것은 김진규金鎭圭의 글씨이다. 대량에 옥으로 만든 등잔 네 쌍이 있고, 또 하사한 은잔이 있다.

여지승람을 상고해보면「홍문관은 창덕궁 도총부의 남쪽에 있고, 즉 옛날 사인사舍人司이며, 의정부는 인정전 서쪽에 있다」하였다. 사인사는 필시 가까운 곳에 있었을 것이니 지금 옥당 있던 자리라는 것이 사실일 것이다. 전의 서쪽에 있었다는 의정부는 어느 때 없어진지 알 수 없으나, 사인사가 빈 집이 되니 필시 옥당을 두었을 것이다. 옥당은 지금 내의원內醫院과 가까이 있었다. 정종 때 하교하기를「옥당과 가까운 곳에 내국內局을 설치한 본뜻은 문안한 절차를 시키려는 것이라」하였다.

또 상고해보면 지금 내의원의 북쪽과 선원전璿源殿 남쪽에 2층 다락 4간이 있다. 나이 많은 서리胥吏에게 물은즉「이것이 곧 옛날 홍문관의 등영루登瀛樓로 학사들의 유상遊賞하던 곳인데, 지금 홍문관으로 옮긴 뒤에 이 층루집이 비어있다」한다. 세조 때 양성지梁誠之가 건의하기를「고려 숙조 때 처음 경적經籍을 감추었는데, 그 투서套書에 보면 하나는〈고려국 14년 엽葉 신 사세 어장서御藏書 대송건중청국원년大宋建中清國元年 대요건통구년大遼乾統九年〉이라 되어 있고, 하나는〈고려국어장서高麗國御藏書〉라 하였습니다. 고려 숙종부터 지금 363년에 장서 인문印文이 어제같이 선명합니다. 지금 규장각 장서 만 권이 그 당시 장서가 많으나마 전하는 자가 지금 장서 뒷면의 투서를 빌어서〈조선국 제6대 계미년 어장서 대명천순大明天順 7년〉이라고 해자로 새긴 글자로 찍고, 전면에는〈조선국어장서〉라고 전자로 써서 고루 모든 서적에 찍어 만세에 전하게 하였습니다. 또 여러 대에 규장각에 비장한 것은〈홍문관〉이라는 투서를 찍었습니다.

대제학 등 관원을 두고 예문관 관원으로 겸직하게 하여서 도서의 출납을 맡게 하소서」 하니, 세조가 그대로 따르고 중요한 비서秘書는 옛날 동궁東宮의 동편 작은 방에 감추게 하였다(원서와 같이 상고해보면 지금의 춘방春坊 장서각). 이름을 홍문관이라 하고 예문관 봉교奉敎 이하의 겸박사兼博士·저작著作·정자正字로 맡아보게 하였다. 연산 10년에는 홍문관을 진독청進讀廳이라 이름을 고치고 관원을 없애고 예문관 관원으로 겸직하게 하였다가 중종 초년에 복구하였다. 눌재訥齋 양성지梁誠之는 우리나라에 박학하고 점잖은 유식한 유신儒臣이다. 제일 먼저 홍문관을 설치하기를 청하였다. 정종 때 규장각을 창설한 것이 실은 눌재의 건의를 따른 것이다. 선왕 때에 특히 눌재의 문집을 간행하도록 분부하고, 또 그 후손 양주익梁周翊을 찾아서 벼슬을 참의까지 시켜서 그 옛날 공로를 보답하였다.

또 문헌비고에 보면 계곡谿谷 장유張維가 말하기를 「대제학에게는 주문主文하는 벼루가 있는데 대제학이 갈리면 서로 전해 주기를 불가에서 의발衣鉢을 전하듯 한다」 하였고, 어숙권魚叔權이 기록한 것을 보면 「옥당에 옛날 큰 돌벼루가 있어서 장서각에 감추어 두었다가 대제학이 옥당에 들어와서 모든 학사들이 지은 글을 매길 때마다 내어서 썼는데, 남곤南袞이 대제학 되고부터 따로 큰 벼루를 만들어서 자기 집에 두고 대제학이 갈리자 이행李荇에게 전한 것이 여태껏 전례가 되었다」 한다.

조선시대에는 당하관을 명초命招할 때에는 모두 분패粉牌를 썼는데, 오직 대각에만 홍패를 썼다. 영종 때 옥당에 분부하기를 「역시 양사兩司의 예에 의하여 홍패를 쓰게 하라」 하였다. 홍문관에 전배 사령을 인배引倍라 하고, 푸른 베로 만든 반팔 주의를 입고 검은 베로 만든 작은 수건을 쓰고, 한 쌍의 흰빛 눈을 수건 위에 붙였다. 경연청납패經筵廳鑞牌를 메고 다닌다.

예문관藝文館

인정전 서편에 있다. 향실香室과 서로 닿아있다. 왕이 짓는 글과 전교 같은 문자를 맡았다. 그 관원 중 검열檢閱 2인을 상하번한림上下番翰林이라 하고 하번은 수사修史하는 일을 맡아서 여기에 입직한다. 영종 14년에 영종이 예문관에 친히 와서 〈대공사필大公史筆〉이라는 넉 자를 크게 써서 문 위에 달았다. 또 32년에 〈창수고풍剏守古風〉이라는 넉 자를 어필로 써서 관중에 달게 하고, 이즈음 일찍이 내한內翰을 지낸 4·5 명의 신하들에게 분부하여 선배들과 후진後進들의 고사故事를 기록해 두게 하였다.

여지승람의 예문관 조목을 상고해보면 최항崔恒의 사연賜宴에 이르기를 「중종 6년에 정부와 이조에 분부하여 글 잘하는 학자 15인을 골라서 예문관 관원을 겸직하게 하고, 자기 있는 관청 사무가 한가하면 예문관에 모여서 서로 공부한 것을 강론하고 토론하게 하며, 경연관에 비치한 서적들을 또한 마음대로 열람해서 학식이 박흡博洽하도록 하고, 매월 홍문관 대제학과 예문관 대제학이 강소講所에 모여 앉아서 글을 읽게 하고, 또 문학하는 선비들에게 글을 짓게 하여 등급을 매겨서 왕에게 보고하게 하였다. 이러기를 한 달에 두 차례씩 하게하고, 세말이 되면 그 등급을 합계해서 성적이 좋은 사람은 올리고 나쁜 사람은 좌천시킨다」 한다. 정종 때에는 내각을 두고 초계문신抄啓文臣에게 매월 왕이 친히 시험을 보이고 등급을 매긴 것이 대개 이 법을 취한 것이다.

지봉유설에 이르기를 「한림원에는 앵무배鸚鵡杯를 썼다」 하니, 대개 고사이다. 그러나 무슨 의미인지는 알 수 없다. 앵무배라는 것은 즉 앵무 우렁이 껍데기이다.

검열에게는 유연직鍮硏直 동자童子 4명이 있다. 나이 10여 세 되는 얼굴 예쁜 자를 골라서 도포道袍를 입혀 가지고 유기로 만든 벼루 하나씩을 가지고 따라 다니게 한다.

춘추관春秋館

시정기時政記를 관장한다. 태조 원년에 고려 제도에 의하여 예문춘추관藝文春秋館을 설치했다가 뒤에 춘추관으로 나뉘어졌다. 여지승람에 보면, 춘추관은 상서원 서쪽에 있다 하였다. 지금은 관청집도 없고, 다만 관함官啣만 있고 다른 관직으로 겸한다.

또 경연청慶筵廳이 있다. 학문을 강의하고 연구한 일을 관장한다. 관청이 없고, 역시 다른 관직으로 겸한다. 이월사李月沙의 실록인청實錄印廳 서문序文에 보면 「국초에 맨 먼저 춘추관을 설치하고 시정과 기주記注를 관장하게 하고, 역대의 믿을 만한 역사를 여기에 보관하고, 또 3본을 박아내서 전주·성주·충주에 나누어 보관하고 조사와 포쇄曝曬를 일정한 시기가 있고 수직守直하는 것도 규칙이 있었는데, 불행하게도 임진년 왜변 때에 충주·성주 두 곳과 내관內館에 보관했던 것이 다 적의 불길에 타버리고 요행히도 왕의 발상지인 전주에 있던 1본이 화재를 면해서 재빨리 황해도에 분부하여 행재소行在所에 실어다가 봉안하였다. 왕의 행차가 환도한 뒤에 사국을 설치하고 다시 편수編修하여서 병오년 4월에 새로 정본 3건을 인쇄하고 초본 1건을 춘추관과 영변 묘향산·강릉 오대산·안동 태백산에 보관하고 구본은 강화에 보관하였다.」

상고하면 역사를 보관하는 외사고外史庫는 강화의 정족산성鼎足山城·강릉 오대산·봉화 태백산·무주 적상산성赤裳山城·영변 묘향산으로 모두 5개 처인데, 서울에 있는 사관이 매년 일정하게 나가서 포쇄한다.

내의원內醫院

약방이라고도 하며, 또 내국內局이라고도 한다. 예문관 서편에 있고, 어약 화제를 관장한다. 내의원의 도제조都提調와 제조는 5일마다 의관을 인솔하고 계사啓辭로 문안하고 진찰하기를 청한다. 영종 39년에 내국에서 봉사하는 신농씨神農氏 위판을 대청에 감실龕室을 설치하고 숭배하도록 하였다. 또 〈입심억석入審憶昔〉이란 넉 자를 어필로 써서 현판을 달고 정청에 걸어 놓은 현판에 〈화제어약和劑御藥, 보호성궁保護聖躬〉 8자는 원해진元海振이 쓴 것이다.

상고하니, 약원은 효종 2년에 침의鍼醫를 더 두고, 현종 14년에는 원 의관 이외에 지방 사람으로 의술에 정명精明한 사람을 증원해서 내의원에 소속시키고 의약동참議藥同參이라 일렀다. 또 차비대령差備待令할 의녀醫女 10인이 있고, 내의녀 12인은 혜민서惠民署 의녀로 뽑아 들인다. 소속된 하인 중에는 종약서원種藥書員과 도약사령擣藥使令) 각 2인씩 있다. 내국에서 공급하는 약과 차는 꼭 한강 강심江心의 물을 길어다가 은으로 만든 탕관湯罐에 달인다.

상서원尙瑞院

인정문 남쪽에 있다. 옥쇄·부패符牌·절월節越을 관장한다. 사명使命을 받은 사람에게는 마패를 내어주고 역마를 내어주게 한다. 그 마패는 구리로 둥근 모양으로 지어붓고 한쪽에는 말 1필 혹은 2·3·4·5필을 그리고 뒤쪽에는 상서원이라 새겼다. 명나라 연호年號를 찍었다. 마패 77개는 지금도 궤 속에 봉해 두었다. 또 명나라에서 하사한 부험符驗 6부와 비단으로 짠 가로대의 수마장패繡馬藏牌는 황단皇壇 경봉각敬奉閣에 있다.

전설사典設司

진선문進善門 곁에 있다. 개국 초기에 고려 때 제도에 따라서 두었다. 천막과 포장 공급하는 것을 관장하였다. 그러나 오로지 제향 때 설비만 맡아 보고 어용장막은 따로 배설방排設房이 있어서 거행한다. 배설방은 진선문 밖에 있어서 오로지 어용장막만 맡아 보므로 액속掖屬이나 사약司鑰이 배설하고 따로 맡은 관원이 없다.

내병조內兵曹

진선문 안에 있다. 병조가 궐문 밖에 있으므로 따로 내병조를 두고 병조의 당상관 1인, 낭관郞官 1인이 수직하고 각문의 자물쇠와 훤화喧譁 금지하는 일, 매치는 일들을 관장한다.

상고하니 내병조의 입직은 규정에 병조참판과 병조참의로 한다. 그런데 판서가 만약에 입직하게 되면 소속되는 각 청의 장관將官도 모두 수석관원으로 입직하게 되고, 하관들은 입직하지 못한다. 내병조에는 근장近仗 군사 20명이 있다. 건장한 군사들을 골라서 채찍을 가지고 궐문에 출입하는 사람을 살피게 한다. 또 어가가 출입할 때에 왕이 정거하는 길에 열 지어 서고 대신이 입궐할 때에는 앞을 인도한다. 이것이 곧 주례周禮에 조랑씨條狼氏가 채를 잡고 왕의 출입하는 데 시위하며, 8인이 길을 옹위하고 공작에는 6인, 후작·백작에게는 4인, 자작·남작에게는 2인씩 수행하던 제도이다. 근장 군사를 또한 시로寺奴라 하였으면, 옛날에는 내시의 노복들로 한 것이리라 한다.

◯ **의장고**儀仗庫—돈화문 곁에 있다. 문헌비고에 보면, 병조승여사兵曹乘輿司는 낭관이 장長이 되고, 낭청 2인은 부장으로 겸한다 한다. 그 군사는 호연대扈輦隊라 하고, 붉은 수건을 쓰고 붉은 옷을 입고 연을 메고 의장을 받들고 다닌다.

남소南所

금호문 안에 있다. 오위장五衛將이 숙직하는 곳이다. 옛날 호분좌위虎賁左衛이다. 궐내의 밤 순라와 시위를 관장한다. 서소는 요금문曜金門 안에 있다. 역시 오위장이 있다. 옛날 호분우위이다.

상고하니 5군위 제도가 폐지된 뒤에 오위장만 두고 궐내의 동·서·남·북 4곳의 수직을 하게 하였다. 또 각각 부장이 있다. 즉 오위장의 하관이다. 밤 순라 때 부장에게는 방직동자房直童子가 있어서 매경每更마다 차비문과 각 관청 문 밖에서 몇 경이란 것을 높은 목청으로 알렸다. 매일 초저녁에 남산 봉수군烽燧軍 한 명이 단봉문丹鳳門 밖에 와서 남산 봉화 다섯 자루를 수대로 올릴 것을 남소에 알리면 남소 부장은 즉시 병조에 보고하고 병조에서는 이튿날 왕에게 주달한다.

지봉유설에 보면, 궐내에 직숙直宿하는 장사將士는 옛날부터 인寅·신申·사巳·해亥 일에 서로 교대하고 위장은 동서남북 4개소를 나누어서 전기해서 상관의 지시를 받아서 입직하므로 내가 그 전에 어떤 위장에게 준 시에 「동서남북東西南北 분사소分四所·인신사해寅申巳亥 직삼소直三宵라 하였다.」 이는 곧 사실대로 기록한 것이다.

선전관청宣傳官廳

승정원 북편에 있다. 표신標信과 어전의 군무호령軍務號令을 관장한다. 여지승람에 보면 모두 8인이 궐내에서 돌려가면서 숙직한다 하였다. 요새는 당상과 당하 합하여 25인이며, 그 하인은 조라치照羅赤라 하는데 모두 60명이다. 내취內吹를 겸하고 취라吹螺와 군악을 관장한다. 모두 누런빛 옷을 입고 초립草笠을 썼다.

상고하니 택당澤堂 이식李植의 제명기題名記에 보면 「선전관청은 액문掖

門 밖 정방政房의 바른편에 있다. 좌우 사관과 함께 어깨를 맞대고 출입하며 시종侍從이라 불렀다. 성종 때에는 놀이하는 기구를 하사까지 하는 일이 있었으니 심히 한창 때였다」 하였다.

내삼청內三廳

광범문 밖에 있다. 효종 때에는 금군禁軍을 설치하고 내삼청이라 불렀다. 지금은 금군이 7번番인데 매번이 백 명씩이다. 그 장교를 겸사복장兼司僕將 · 내금위장 · 우림위장右林衛將이라 하여 모두 7인으로 금군을 영솔하고 번을 갈라서 숙위宿衛한다.

무겸청武兼廳

광범문 밖에 있다. 무겸은 즉 무신武臣으로 선전관을 겸직한 것이다. 또 충장위청忠壯衛廳은 인정문 밖에 있다.

유몽인柳夢寅이 지은 어유야담於于野談에 보면, 「명나라 신종 24년(선조 29년)에 완원군完原君 유조생柳肇生이 선전관이 되어 친구와 함께 이야기하다가 말이 양생養生하는 방법에 이르렀다. 혹은 말하기를 "숨을 들이켜고 내뿜지 않고 들이쉬는 것이 심히 길어서 한 번 숨 쉴 동안 시각을 소비하게 되면 오래 살 수 있다." 하였다. 조생이 이를 익혀서 길든지 수월만에 다른 사람 백 번 쉴 동안에도 그리 숨이 가쁘지 않았다. 그 뒷날 강물을 건너다가 배가 뒤집혀서 물에 빠졌다. 숨을 쉬지 않고 기어 나와 물 언덕에 닿도록 한 번도 물을 들이키지 않아서 죽기를 면하고 뒤에 재상이 되었다. 이 뒤부터 선전관청에서 면신허참免新許叅 할 때에 반드시 궐문 다락 기와 위 10신神을 외게 하되 한 번 숨 쉴 동안 열 번 능하지 못한 자는 허참하지 않았다.」

호위청扈衛廳

상서원 서편에 있다. 인조 원년에 처음 설치하였다. 숙위가 적고 약하므로 서울과 지방에서 출신한 각 군문各軍門 무사武士를 뽑도록 명령하고 함경도에서는 특별히 더 장건한 사람을 뽑도록 하였다. 대장 1인이 있는데 국구國舅나 정승으로 겸직하게 하였다. 또 별장 각 1인씩 있다.

비변사등록備邊司謄錄에 보면 영의정 정태화鄭太和가 주계하기를 「호위청의 설치는 인조가 처음 계해년 반정하던 해 위태하고 의심될 때이므로 공신으로 대장을 시키고 각각 군관을 인솔하고 입직하게 했으나, 지금은 금위군이 자족해서 선왕 때부터 벌써 혁파하려는 논의가 있었으며, 군관 2백 명의 일 년 급료가 삼천여 석이나 되니 그 경비를 절약하는 방법으로 더군다나 의당 폐지하여야 합니다」 하고, 대신 심지원沈之源·정유성鄭維城·이경석李景奭·이시백李時白·원두표元斗杓도 모두 당연히 폐지해야 한다 하였다. 그러나 상감의 말씀이 「갑자기 고칠 수 없으니 마땅히 차차 의론하리라」 하였다.

창경궁내昌慶宮內 각사各司

세자시강원世子侍講院

집현문集賢門 밖에 있다. 세자에게 경사經史를 시강하고 도리를 규풍規諷함을 관장한다. 그 관원은 모두 문신들로 임명하고 춘방春坊이라 칭호한다. 현판을 춘방이라 하였다. 동춘同春 송준길宋浚吉이 썼다. 또 현판에 〈춘방〉과 〈보도계옥輔導啓沃〉 4자는 모두 효명세자孝明世子의 예필睿筆이다.

익위사翊衛司

시강원 북쪽에 있다. 동궁 호위하는 것을 관장한다. 〈계방桂房〉이라 칭호한다. 〈계방〉이라는 현판은 역시 송동춘이 썼다.

오위도총부五衛都摠府

연광문延光門 안에 있다. 정종 5년에 창덕궁 금호문 안에 있던 것을 여기로 옮겨서 설치하였다. 5위衛의 군무를 맡아서 다스린다. 영종이 등극하기 전에 여러 번 총관總管의 벼슬을 지냈으므로 도총부의 벽에 어필로 〈고부흥감故府興感〉이라는 현판이 붙여졌다.

여지승람에 보면 「도총부가 하나는 창덕궁 인정전 서쪽에 있다」 했으니 지금의 내각이며, 또 「하나는 창경궁 홍화문 안에 있다」 했으니, 즉금의 도총부는 즉 옛날 도총부로 도로 옮긴 것이다. 사가四佳 서거정徐居正의 제명기題名記에 보면 「개국 초기에 의흥삼군부義興三軍府를 설치하고 병무행정을 총감독하였다가 뒤에 삼군진무소三軍鎭撫所로 고치고 병조에 예속시켜서 궐내의 군사 통솔을 관장하고 윤번輪番으로 숙위宿衛하고, 또 3군을 고쳐서 5위로 하였다. 즉 용량위龍驤衛·호분위虎賁衛·의흥위義興衛·충좌위忠佐衛·충무위忠武衛였다. 세조가 진무소를 고쳐서 오위도총부라 하고, 군무를 전문으로 맡기고 병조에 예속되지 않게 하였다.」

임진년 이후에는 5위 제도를 폐지하고 단지 관직 이름만 두었다. 즉금 도총부 당상이니 낭관이니 위장이니 부장이니 하는 것이 이것이다. 단지 당상과 낭관만이 있어서 궐내에 윤직하고 시위하는 데 참례할 뿐이다.

동소東所

선인문 안에 있다. 위장衛將의 숙직하는 곳이다. 옛날 충좌전위忠佐前衛

이다. 북소北所는 경화문景化門 동편에 있다. 역시 위장이 있으며 옛날 충무후위忠武後衛이다.

별군직청別軍職廳

회태문回泰門 안에 있다. 효종 7년에 처음 설치하였다. 즉 시민당時敏堂 옛터이다. 정종이 어필로 현판을 〈어전신비 직려御前新裨直廬〉라 썼다. 또 〈어전친막御前親幕〉 넉 자를 어필로 현판을 썼다.

상고하니 열조통기列朝通紀에 보면 「효종 7년에 별군직을 두었다」 했다. 이 전에 효종이 심양에 가서 있을 때에 8장사가 있었다. 즉 박배원朴培元 · 신진익申晋翼 · 오효성吳孝誠 · 조양趙壤 · 장애성張愛聲 · 김지웅金志雄 · 박기성朴起星 · 장사민張士敏으로 공로가 많았다. 효종이 등극한 뒤에 청을 설치하고 이름을 별군직청이라 하고 자주 상원에서 활쏘기를 연습시켰다. 별군직 인원수는 뒤에 점차로 증원하고 일정한 수가 없었다. 대장을 지내면 별군직은 면한다.

충익장청忠翊將廳

선인문 안에 있다.

문헌비고에 보면 「본조本朝에 충익위를 설치하고 공신의 자손으로 충당하고 충장위忠壯衛는 전사한 사람의 자손으로 충당하고 번을 갈아서 입직하게 하며, 장수 각 3인씩 두고 한가한 자리에 있는 사람으로 돌려가면서 임명하였고, 영종 35년에는 금군장 예를 따라서 골라서 임명하였다」 한다.

내사복內司僕

선인문 안에 있다. 개국 초기에 설치하고 내구마內廐馬 사육하는 것을 관장한다. 사복 내승內乘이 수직한다.

보루각報漏閣

시강원侍講院 동편에 있다. 광해 6년에 이 집을 세워서 지금껏 그대로 있었으나, 오래도록 수리하지 않아서 금년 여름(순조 28년)에 장림으로 모두 무너지고 지금의 누국漏局이 그 옆에 있다. 금루관은 왕이 행차할 때에 시각을 알려 드리고 정각에는 북을 치며 또 매일 정오와 신시에 몸소 내각에 가서 시각을 보고하며 또 주시동奏時童이 있어서 궁궐 안 각 관청에 주시패奏時牌(시간을 적은 팻말)를 꽂는다. 문헌비고에 보면 금루관의 정원은 30명이라 한다.

규영신부奎瀛新府

선인문 안에 있다. 정종正宗 때 창덕궁 안에 있는 공청으로 내각의 활자 만드는 주자소鑄字所로 만들고 현판을 〈규영신부〉라 하였다. 또 판당板堂이 있고 책판과 활자를 비치해두었다가 책을 인쇄할 때에 여기에다가 인쇄국을 개설하였다. 여기에 보관해 둔 구리활자를 생생자生生字라 하였다.

상고해보면 〈주자소〉라는 이름은 태조왕 때부터 시작하였다. 경연經延에서 옛날 강의하던 시전詩傳·서전書傳·좌전左傳의 글자로 자모字母를 만들고 이직李稷 등을 시켜서 10만 자를 만들게 하여 〈주자소〉에 보관하게 하였다. 이것이 태종 3년 계미년에 만들었다고 해서 계미자癸未字라 한다.

다음은 세종 16년 갑인년에 이지숭李之崇이 명나라에서 돌아올 때에 명나라 예부禮部에서 하사한 위선음질서爲善陰隲書 6백 권을 자문과 함께 보내주어, 이것을 자모로 하여 김돈金墩 등을 시켜서 구리를 녹여 20여만 자를 만들었다. 이것을 위부인衛夫人이 쓴 글자라 하여 〈위부인자〉

라 일렀다.

다음은 정종왕이 세자로 있을 때에 빈객賓客 서명응徐命膺을 시켜서 세종 때의 갑인년에 만든 위부인자를 자모로 하여 15만 자를 만들게 하여 운각芸閣(교서관)에 보관해 두었다. 이것을 〈임진자壬辰字〉라 이른다. 정종 원년에 또 평안감사 서명응을 시켜 갑인년에 만든 자모로 15만 자를 더 만들게 하여 내각에 보관하게 하였다. 이것이 이른바 정유자丁酉字이다. 그리고 또 6년에 평안감사 서호수徐浩修에게 명령하여 우리나라 사람 한구韓構가 쓴 글씨로 자모를 만들어서 8만여 자를 만들게 하였다. 이것을 임인자壬寅字라 한다. 문원보불文苑黼黻을 인쇄한 것이 이것이다. 역시 내각에 보관해 두었다. 19년에 또 내각을 시켜서 새로운 활자를 만들게 하여 정리의궤整理儀軌를 박아내게 하였다. 이것을 생생자生生字라 하고 혹은 정리자整理字라고도 한다. 주자소에 보관해 두고 새로 정종의 어제御製인 홍재전서弘齋全書 일백 권과 오륜행실五倫行實·두륙분운杜陸分韻을 박아냈다. 또 선종宣宗(뒤에 선조) 때에 세종의 아들 안평대군安平大君 용鎔의 글씨로 자모를 만들어 훈국訓局에서 주자하였다. 당시에 박은 중국의 창여집昌黎集 활자가 그것이다. 또 국조國朝의 실록實錄과 능지陵誌·시장諡狀·사기史記·한서漢書 등을 박아낸 활자와 운각에 있는 책과 문헌비고에 있는 활자들은 연대를 고증할 수 없다.

세종 때의 활자는 보통 위부인자라 하는데, 위부인은 즉 중국 이충李充의 모친이며 왕희지王羲之가 글씨 배운 사람이라 한다. 이것은 중국 명나라 초기의 한림학사가 쓴 위선음질서의 자모이면, 위魏와 위爲가 음이 같으므로 이러한 잘못된 것이 있는 것일까? 위부인자라는 것은 요새 있는 사서四書와 삼경三經을 박은 활자책이 그것이다. 주자소 곁에 각閣이 있는데, 고문관考文館이라 하나 어느 때 지은 것인지 모른다. 혹은 말하기를 이것이 옛날 홍문관弘文館이라 한다. 정종 19년 을묘년에 내 나이 19세 때에 왕의 분부를 받아 주자시朱子詩를 이 집에서 등사하고 교정도 하였다. 또 창경궁 안의 승정원에도 인쇄소를 개국한 일이 있다. 옛날에는 금마문金馬門 남쪽에 있었다. 홍문관은 옛날 승정원 동편에 있었고, 사옹원은 옛날 명정전 북편에 있었으나 임진년 왜란 때에 없어졌다 한다.

경희궁내慶熙宮內 각사各司

승정원대청承政院臺廳

약방藥房 상서원尙瑞院은 모두 건명문建明門 안에 있다.

빈청賓廳

개양문開陽門 안에 있다.

내병조內兵曹

홍화문興化門 안에 있다.

규장각奎章閣

금상문金商門 안에 있는데 현판은 이문원摛文院이라 하였다. 정종의 어필인 취규루聚奎樓가 있고, 서적을 보관하는 곳이다. 곁에 연여실燃藜室이 있고, 현판은 풍고원楓皐院이라 하며, 책을 검열하는 검서관檢書官의 입직하는 곳이다.

홍문관弘文館·예문관藝文館

모두 금상문 안에 있다. 홍문관에는 영종의 어필이 있다. 〈운종일좌雲從一座 세손시방世孫侍傍〉 여덟 자와 〈노군소신老君少臣 동회일당同會一堂〉이라는 여덟 자이며, 또 〈조손회강祖孫會講〉이라는 넉 자가 있다. 또 옥당玉堂이라는 현판은 이세최李世最의 글씨이다.

상의원尙衣院

홍원문興元門 안에 있다. 즉 옛날 승문원承文院이다. 뒤에 종친부宗親府의 문안청問安廳이 되었다가 숙종 37년에 처음으로 상의원이 되고, 영종 41년에 새로 본원에 친림해서 어필로 게판하기를 「옛날 나 18세 때에[粤昔余十八] 이 청에서 문안했더니[問安此廳] 지금 72세에[今歲七十有二] 다시 이 집에 왔다[復臨是院]. 옛날에는 성대의 일이러니[昔則盛事] 지금은 추모한 생각이 든다[今爲追慕]」 하고, 또 어제御製의 기문記文이 있다. 국구國舅 김한구金漢耉에게 분부하여 써서 달게 하였다. 그리고 치미각致美閣은 이 상의원 안에 있으며, 면복冕服을 봉안하는 곳이고 역시 현판이 있다.

시강원侍講院 · 익위사翊衛司

모두 건명문 안에 있다. 시강원에는 영종의 어필 편액扁額이 있는데, 〈조손상의祖孫相依 · 선보춘계善補春桂〉 여덟 자를 써서 붙였다.

도총부都摠府

개양문開陽門 안에 있다.

호위청扈衛廳

숭정문崇政門 서쪽에 있다.

전설사典設司

건명문 안에 있다.

별군직청別軍職廳 · 선전관청宣傳官廳

모두 건명문 안에 있다.

무겸청武兼廳

금상문金商門 안에 있다.

충익위청忠翊衛廳

금상문 안에 있다.

위장청衛將廳

건명문 안에 있다.

동소東所

홍화문 안에 있다. 또 남소는 개양문 안에 있고, 서소는 숭의문 안에 있고, 북소는 무덕문武德門 안에 있다.

사복덕응방司僕德應房

왕이 타는 연輦과 소여小輿를 보관하는 집인데 개양문 안에 있다.

한경지략

제2권

漢京識畧

卷之二

한자원문은 서울대학교규장각한국학연구원 '홈페이지(http://kyujanggak.snu.ac.kr)→자료검색→원문자료검색'에서 검색창에 "한경지략"을 써넣으면 찾아보실 수 있습니다.

궐외각사闕外各司

기로소耆老所

중부 징청방澄淸坊에 있다. 태조 3년 갑술년에 처음으로 설치하였다. 태조의 춘추春秋가 60세에 기로소에 들어가고 숙종은 59세에, 영종은 51세에 기로소에 들어갔다. 왕이 친필로 제명題名한 어첩御牒은 영수각靈壽閣에 봉안하며, 조정 신하로서는 문관으로 2품 이상으로 연령이 70세가 되어야 기로소에 들어가게 된다. 영수각에 숙배肅拜하는 것을 기로소 당상堂上이라 하고 모두 화상첩畫像帖이 있다.

문헌비고에 보면 태조 3년에 왕의 춘추가 60세가 되어 기로소에 들어가고 어휘御諱(임금의 성명)를 서편 다락벽 위에 적어두고 문관 재상으로서 나이 70세가 되고 계급이 정경正卿(2품 계급)에 오른 사람들은 기로소에 들어오기를 결정하였다. 숙종 45년에 왕의 연령이 59세인데 기로소에 들어가고 기로소 안에 영수각을 세우고 어첩을 봉안하였으며, 태조가 서편 벽 위에 제명했던 전례는 지금 없어졌다. 숙종이 분부하여 새로 책을 만들어 왕세자(뒷날 경종)를 시켜서 숙종의 존호尊號를 써서 영수각에 봉안하게 하고, 상의원尙衣院에서 궤·장几杖을 만들어 바쳤다. 영종은 24년에 춘추가 51세에 기로소에 들어가서 친히 영수각에 참배하고 어첩에 몸소 제명題名하고 상의원에서 궤·장을 바쳤다.

또 어숙권魚叔權이 지은 패관잡기稗官雜記에 보면 「국법으로 매년 3월 3일에 훈련원訓鍊院에 잔치를 배설하고 2품관 이상으로서 연령이 70세 된 사람은 참석하고 술과 풍악을 베풀고 활쏘기·투호投壺 같은 오락을 종일 하다가 파했다」고 기록되어 있다. 「당시의 찬성 고형산高荊山, 참찬 조원기趙元紀·안윤덕安潤德, 판서 임유겸任由謙, 지사 이자견李自堅, 동지 정수강丁壽崗·이백李栢 등이 처음으로 국가에서 공설하는 기로소 이외에 사사로 모이는 기로소 즉 경로소敬老所를 설치하고 옛날 송나라 때 낙양기영회洛陽耆英會의 옛일을 모방하여 서로 모여서 잔치를 베풀고 그때의 재상宰相으로서 연령이 70세 이상만 되면 으레 이 모임에 참례하게 하고, 또 동지 신자건愼自健을 시켜서 병풍에 이 연회의 실경實景을 그려서 펼쳐 놓게 하여 한 때에 좋은 일이라 일컬었다. 그래서 아문衙門(관할하는 관청) 하나를 점령하여 기로소라 이름하고 서리書吏들과 하인들을 두게 하였으며, 또 8도 감사에게 이 뜻을 전하고 모든 물화物貨를 창고에 쌓아두게 하였다」 했다.

또 대전통편大典通編에 상고해보면 「조선 개국 초기에 문신으로서 2품 이상의 실직을 가진 연령이 70세 이상이 되는 사람은 기로소에 들어가는 것을 허락했으나, 음관蔭官과 무관武官은 참례하지 못하며, 2품 실직 중에서 70세 되는 이가 없을 때에는 종2품 1,2인을 전례에 의하여 왕에게 계품啓稟한 뒤에 들어가기를 허락하고 승문원承文院과 성균관成均館의 참외관叅外官(7품 이하의 관리) 각 1인씩을 수직관守直官으로 차정差定(임명 혹은 겸임)하였다.」

종친부宗親府

북부 관광방觀光坊에 있다. 조선 개국 초기에 창건한 것으로 왕실王室의 모든 군君들이 모이는 곳이다. 숙종 14년에 왕이 홍정당興政堂에 출어出御하여 여러 종실宗室(왕실의 대군과 군)을 불러서 어주御酒를 하사하고 어제 7언시 한 수를 내리어서 게판揭板하게 하였다. 그리고 영종 40년에는 종실 신하들에게 활쏘기 시험을 보이고 어필로 「융무당중隆武堂中에 망입억석望入憶昔이라, 창창송하蒼蒼松下에 회종관덕會宗觀德이라」 두 귀를 써서 종친부에 게판하게 하였다.

의정부議政府

북부 관광방에 있다. 정종 2년에 상신삼공相臣三公의 관청으로 처음 세웠다. 상신에게 달린 사인사舍人司가 북편에 있고, 청풍각淸風閣이라 현판을 달았다. 연지蓮池가 있다. 의정부의 청사는 화재로 없어지고 지금은 찬성贊成들이 모이는 청사로 대신들이 개좌開座하는 청사로 한다.

여지승람에 보면 「의정부 하나는 창덕궁 인정전仁政殿에 있다」 하였으니 이것은 필시 옛날에는 있었으나, 지금은 없어서 상고할 수가 없다.

또 문헌비고에 보면 「태조 원년에 고려 때의 제도를 모방해서 도평의사사都評議使司를 설치하였고 판사判事들은 따로 문하부門下府를 두었던 것을 정종 2년에 도평의사사를 폐지하고 의정부로 만들었으며, 태종 원년에는 또 문하부를 혁파하고 의정부에 합병해서 영부사領府事와 판부사判府事를 두었다가 곧 영의정·좌의정·우의정을 두었다」 하였다.

또 이극감李克堪의 사인사의 기문記文을 뽑아보면 「우리 조정에서 정부를 세우고 옛날 성주成周 때의 3사師와 3소少의 관직을 모방하였으며, 또 사인 2인을 두어서 사무를 보좌하게 하고, 상신을 시켜서 자벽自辟(자기가 추천 임명하도록 하는 것)을 하게 한 것은 그 관선官選을 소중히 여긴 까닭이라」 하였다.

충훈부忠勳府

북부 관인방寬仁坊에 있다. 모든 공신功臣들이 모이는 관청이다. 운대雲臺니 인각麟閣이니 맹부盟府라고도 한다. 태종 때 처음 세웠으며, 옛날에는 북부 광화방廣化坊에 있던 것을 연산군 10년에 철파撤罷하였다가 중종 때에 관인방으로 옮겼다. 공신으로 선정한 신하들은 모두 화상첩畫像帖이 있었고, 공신들의 적자손嫡子孫들은 세습世襲(예사로 대대로 습작하는 것)으로 봉군封君하여 충훈부의 당상관을 시키며, 친공신親功臣(직접 봉한 공신)과 왕비王妃의 부친에게는 부원府院이란 두 글자를 더 보탠다.

상고해보면 충훈부는 태종 때 처음으로 세울 때에 충훈사忠勳司라 명칭을 하고 조선 개국 공신들을 논공행상論功行賞했으며, 비석을 세우고 그 공적을 기록하고 집을 짓고 화상을 그렸으며, 적자와 장손은 세습으로 봉군해서 영원한 세대까지 변치 않도록 했으나, 세조 5년에 사司를 부府로 승격시키고 태조의 공신부와 세조의 공신부를 구분해서 토지와 노비를 더 하사하고 옛날 있던 관청이 비습하고 좁다 하여 광화방의 종부시宗部寺 관청이 있던 구역을 하사해서 다시 새롭게 하였다.

- ○ 충익부忠翊府—옛날 북부 양덕방陽德坊에 있었는데, 원종공신原從功臣(친공신을 도와 공을 세운 종공신)의 관청이던 것을 숙종 27년에 충훈부와 병합하였다.

의빈부儀賓府

북부 광화방에 있다. 조선 개국 초기에 공주公主와 옹주翁主(왕의 후궁 소생의 딸)의 부마駙馬(공주 · 옹주의 남편, 즉 왕의 사위)들을 위해서 처음으로 세운 관청이다. 예전에는 중부 정선방貞善坊에 있던 것을 연산 10년에 다른 곳으로 옮겼다가 중종 11년에 이곳으로 옮겼다. 공주의 부군은 도위

都尉라 하고, 군주郡主(왕세자의 딸)의 부군은 부위副尉라 하고, 현주縣主(왕세자 후궁의 딸)의 부군은 첨위僉尉라 한다.

돈녕부敦寧府

중부 정선방에 있다. 왕의 친외척親外戚의 관청이다. 영종이 어필로 현판을 썼다. 돈녕부 가운데 선보璿譜(왕가의 족보)의 봉안각奉安閣이 있다. 또 선보의 봉안각을 북한산성北漢山城 속에도 두고 일 년 사계절에 돈녕부 관원이 나가서 포쇄曝曬한다.

국조보감國朝寶鑑에 상고해보면 태종 14년에 처음으로 돈녕부를 설치하고 국왕의 종친宗親이면서 태조의 자손이 아닌 사람으로 봉군하지 못한 사람만 종친부에 있게 하였다.

또 국전國典을 상고해보면 국왕의 동성 9촌 친족과 이성異姓으로 6촌 친척 이상과 왕비의 동성 8촌 친족과 이성 5촌 친척 이상과 세자빈世子嬪의 동성 6촌 친족과 이성 3촌 친척 이상 촌내의 고모부·자매부夫·질녀서壻·손녀서에게만 돈녕부 직함을 제수하고 선왕과 선왕비의 친척에게도 같게 했다 한다.

또 김시양金時讓이 지은 부계기문涪溪記聞에 보면 「부마 권규權跬는 권양촌陽村(近)의 아들이다. 태종의 딸에게 장가들어서 담耼·총聰 두 아들을 낳았는데 담이 나이 불과 10여 세에 돈녕부 직장直長이 되어서 하루는 돈녕부에 출사出仕(출근)하여 지붕에 올라가서 새 집을 뒤지다가 돈녕부의 기관장인 도정都正이 갑자기 오는데 출영出迎할 사이가 없었다. 그래서 도정이 노여워해서 뜰 앞에 불러 세우고 꾸짖으니 담이 외조부인 태종에게 들어가서 하소연하였다. 태종이 웃으면서 하는 말이 "너의 관직이 낮은 까닭이다." 하고 정관政官(인사 맡은 관원)을 불러서 담에게 돈녕부의 동지同知

(즉 동돈녕東敦寧)로 시켰다. 돈녕부로 돌아온즉 아직 근무 중이다가 도정이 깜짝 놀라서 출영했다」 한다. 의정부·돈녕부·의빈부儀賓府·충훈부·중추부中樞府를 5상사上司라 이른다.

비변사備邊司

중부 정선방에 있다. 창덕궁 밖 서편가이다. 명종 10년에 처음 세우고 성 안과 지방의 군국기무軍國機務를 총지휘하였다. 마루 현판을 비궁당匪躬堂이라 하고, 사가四佳 서거정徐居正의 기문記文이 있다. 경희궁 흥화문 밖에도 또 비변사가 있었다.

상고해보면 비변사를 비국備局이라고도 하고, 또 주사籌司라고도 한다. 비변사의 도제조都提調는 즉 당시의 원임대신原任大臣이 겸임한다. 선조 25년 임진왜란 때에 처음으로 부제조副提調를 두고, 병무兵務에 익숙하고 정통한 사람으로 계청해서 임명하기로 하고, 이정구李廷龜·박동량朴東亮을 맨 처음으로 임명하였다. 인조 2년에 유사당상有司堂上을 더 두기로 하고, 숙종 39년에 처음으로 8도와 구관당상句管堂上 각 1인씩을 두기로 하였다. 옛날 제도의 빈청차대賓廳次對는 한 달에 초3일·13일·23일 세 차례씩 하던 것을 숙종 14년에 다시 규식을 고쳐서 매월 초5일·초10일·15일·20일·25일·30일로 여섯 차례씩 하되 3차는 원임대신을 들어오게 하고, 또 제언사堤堰司의 구관句管도 두고 각도의 제언과 수리水利를 관할하게 하여 비국에 소속되게 하였다. 비변사에는 무관의 낭청郎廳 8인이 있어서 매일 공사문서를 기름 절인 큰 주머니에 담아 가지고 병조의 역마를 타고 돌아다니면서 여러 비국당상이 있는 곳에 가서 보이고 결재를 청하였다.

선혜청宣惠廳

서부 양생방養生坊에 있다. 대동大同의 쌀·목·돈의 출납을 관장한다. 광해 초년에 처음 설치하였다.

상고해보면 세종 때 정공안定貢案(각 고을의 토산물을 나라에 바치는 것)에 그 고을의 특산물을 그 고을 백성들로 바로 서울 관청에 바치게 했던 것을 선조 41년에 좌의정 이원익李元翼이 건의해서 대동법大同法이라는 것을 만들어서 고을마다 별도 특산물을 내지 않고 조세의 부가세附加稅 명목 같은 것으로 쌀을 받아서 서울에서 공물을 사서 바치게 하였다. 그래서 경기도부터 시작하기로 하고, 선혜청을 두게 하며 또 강원도에도 시행하였다. 그 다음에는 효종 3년에 우의정 김육金堉이 건의하여 충청도와 전라도의 연해읍沿海邑부터 시행하게 하고, 현종 3년에 형조판서 김좌명金佐明이 계청해서 일반 고을에까지도 시행하게 했으며, 숙종 3년에는 승지 이원정李元禎이 경상도에도 시행하기를 청하였고, 34년에는 황해감사 이언경李彦經의 상소로 인하여 황해도에도 시행하였다. 그 대동법이란 것은 경기도와 충청·전라·경상도의 3남을 똑같이 전답田畓 1결結(벼 일백 부負)에 쌀 12두식을 거두었다. 강원도도 같았으나 토지를 측량하지 못한 곳에는 4두씩을 더 받고 함경도도 2두를 더 받고 황해도에는 상정법詳定法이라 하여 15두씩 거두고 통틀어서 대동법이라 하였다. 그래서 옛날 각 고을에서 그 고을의 특산품을 나라에 진공進貢하던 것을 모두 서울에서 사서 바치도록 하고, 경공주인京貢主人이란 것을 정해두고 전에 바치던 물건을 사서 바치게 하고 쓰고 남는 것이 있으면 각기 그 고을에 쌓아두고 저치미儲置米라 해서 공용公用에 보태 쓰도록 하였다.

균역청均役廳

남부 주자동鑄字洞에 있다. 즉 옛날 수어청守禦廳이었다. 영종 26년에 설치했다가 29년에 선혜청과 합쳤다.

균역청 설치한 것을 상고해보면 어염선세漁鹽船稅와 선무군관選武軍官과 은여결隱餘結(장부에 들지 않은 토지세)들을 받아들인 것이 합해서 십 수만 냥이 되었고, 또 함경·평안 양도를 제한 3남 6도의 토지 1결마다 쌀 2두나 혹은 돈 5전을 거두어서 지출한 부족액을 충당해서 겨우 될락말락 하였다. 영종 29년에는 또 상진청常賑廳(재해가 있을 때 구휼하는 기관)과 합치고 이 소속으로 별하고別下庫(즉 상진청 일)를 두었다.

준천사濬川司

중부 장통방長通坊에 있다. 도성 안에 있는 개천이나 도랑들이 막히고 찬 것을 준설濬泄하는 것을 관장하였다. 영종 36년에 처음 설치하였다.

국조보감에 보면 「영종 36년 2월에 개천을 준설하였다. 개천은 백악白岳·인왕仁王·목멱산木覓山의 물이 합쳐서 도성 가운데를 둘러있고[1], 동쪽에 오간수문午間水門[2]이 있으며, 또 그 동편에 영제교永濟橋가 있고 중량천中梁川으로 모여서 한강으로 들어간다」 하였다. 여지승람에 개천開川이라 한 것이 즉 이것이다.

세종 때에 이현로李賢老가 「이 개천에 더러운 물건들을 버리는 것을 금지시켜서 명당明堂의 물을 맑게 하자」고 청했으나, 어효첨魚孝瞻이 「형편이 금지시키기 어렵다」고 반대하였다. 그래서 세종이 효첨의 말이 옳다 하고 현로의 청을 듣지 않았다. 이로부터 3백여 년에 개천이 막히고 돋아져서 물이 범람될 걱정이 있었다. 영종이 말씀하기를 "개천을 치는 것도 백성을 위하는 것이나 어찌 백성들을 괴롭히랴" 하고 수만 냥의 돈을 내어

---

1 지금의 청계천

2 지금의 동대문과 을지로6가 사이 수문

서 인부를 사서 준설하게 하여 한 달이 못 되어 마쳤다. 이때에 준천사를 설치하고 매년 한 차례씩 준설하기를 상례로 하였고, 또 49년 6월에 개천을 돌로 쌓았다. 그 전에는 개천 양쪽이 장림에 터질까 보아 버드나무를 심어서 방지했으나, 그래도 완전하지 못해서 이때 돌로 쌓게 하니 튼튼하고 염려가 없었다. 역사가 끝나자 영종이 세손(뒷날 정조)을 데리고 광통교廣通橋까지 임어하여 세손을 돌아보고 하는 말이 「뜻만 있으면 만사가 되는 것이니 모든 일을 하려거든 먼저 뜻을 세우기를 애쓰라」 하였다.

또 준천濬川한 사실을 상고해보면 시작해서 준공이 57일이나 걸렸고, 방민들의 부역한 것이 15만 명이니 품삯을 주고 산 사람이 5만여 명이고, 돈 든 것이 3만5천 냥, 쌀 든 것이 2천3백여 포包라 한다. 그래서 준공하고 준설할 때에는 송기교松杞橋에서 장통교長通橋까지는 훈련도감이, 장통교에서 태평교太平橋까지는 금위영이, 태평교에서 영도교永渡橋까지는 어영청이 각각 맡았다. 그리고 또 사산참군四山參軍(사방의 산을 간수하는 군인)이 각각 경계를 맡아서 돌아보고 해당 관청에 알려서 수축하게 하였다.

의금부義禁府

중부 견평방堅平坊에 있다. 태종 14년에 처음 설치하였다. 왕의 명령을 받아서 추국推鞫(추문하고 국문하는 일)하는 일을 맡았다. 그 아문의 대청을 호두각虎頭閣이라 한다.

문헌비고에 보면 「조선 개국 초기에 고려 때 제도였던 사평순위부司平巡衛府를 순위부라고만 고쳤다가 또 의용순금사義勇巡禁司로 고쳤고, 태종 14년에 의금부로 고쳤다」 했다.

이 의금부는 전해 오기를 세조 때 감찰 정보鄭保를 적몰籍沒한 뒤에 그가 살던 집으로 의금부를 만들었다 한다.

또 당직청이 창덕궁 금호문金虎門 밖에 있고, 도사都事 1인이 제일 하위下位로 와서 당직하는데 모든 수금囚禁·체포逮捕한 일이 있으면 꼭 당직도사를 불러서 명령을 시킨다.

이조吏曹

중부 징청방澄淸坊에 있다. 조선 개국 초기에 세웠다. 문선文選·훈봉勳封·고과考課하는 정사를 관장한다. 그 소속으로 문선사文選司·고훈사考勳司·고공사考功司의 세 관청이 있다.

호조戶曹

중부 징청방에 있다. 조선 개국 초기에 세웠다. 호구戶口·공부貢賦·전량田粮·식화食貨의 정사를 관장한다. 그 소속으로 판적사版籍司·회계사會計司·경비사經費司의 세 관청이 있다. 경비사는 현재 별례방別例房이라 한다. 또 전례방前例房이 있어서 제향祭享·공상供上·사행방물使行方物·예장禮葬 등을 관계하고, 판별방版別房은 무시로 특별한 물건을 사들이는 것에 관계하고, 별영색別營色은 훈국訓局의 군병들에게 내어 주는 식료食料를 관계하고, 별고색別庫色은 공물을 바치고 쓰는 것을 관계하고, 세폐색歲幣色은 절사節使(신년과 황제 탄신 축하 사신)의 폐백을 관계하고, 응판색應辦色은 오는 사신들의 지출과 경비를 관계하고 금은색金銀色은 금과 은을 맡아 본다.

○ 분호조分戶曹—남부 회현방에 있다. 광해 원년에 처음 설치하였다. 중국 사신을 접대할 때마다 호조가 여기에서 임시사무를 본다.

상고해보면 분호조는 남별영南別營 옆에 있었는데, 광해 때에 국고와 조세가 날로 줄어들어서 대소의 경비를 번번이 임시해서 시민市民에게 부담을 시켰다. 중국 사신 유태감劉太監이 올 때에 상신 이항복李恒福·이덕형李德馨이 처음으로 분호조를 설치하여 사신에게 지출하고 공급할 물건을 미리 준비해서 쓰도록 하니 시민들이 걱정을 덜어서 칭송하였다.

예조禮曹

서부 적선방에 있다. 개국 초기에 세웠다. 예악禮樂·제사·연향宴享·조빙朝聘·학교·과거 등 정사를 관장한다. 그 소속으로 계제사稽制司·전향사田享司·전객사典客司의 세 관청이 있다. 계제사는 의식儀式·제製·조회朝會·학교·과거·인신책印信冊을 맡아보고, 전향사는 사신의 영접과 조공관계·연회·사여賜與 등을 맡아본다.

문헌비고에 보면 「세상에서 전해 오는 말에 태조공신 정도전鄭道傳이 역적으로 몰린 뒤에 삼군부三軍府를 빼앗아 예조를 만들었으므로 제도가 제일 굉장하였다」 한다. 대비大比(3년마다 보는 과거)의 과거를 예조와 성균관에서 시행하므로 예조를 1소一所라 하고 성균관을 2소라 한다.

병조兵曹

서부 적선방에 있다. 무인들의 임명권과 뽑는 곳이며, 문호門戶의 열고 닫는 정사를 관장한다. 그 소속으로 무선사武選司·승여사乘輿司·무비사武備司 세 관청이 있다. 현재로 통행通行하기는 8색色이 있다.

정색政色은 즉 무선사이며, 결속색結束色은 즉 승여사인데 궐내에서나 왕의 행차할 때에 금훤禁喧(행차 전도의 잡인과 훤화喧譁를 금하는 것)을 맡았으며, 일군색一軍色은 즉 무비사인데 용호영龍虎營과 호연대扈輦隊의 내취보內吹保의 보포保布를 거두어서 장교와 군병들의 매삭 지급하는 식료를 맡았으며, 이군색은 기병과 보병들의 보포를 맡아서 궐 안팎의 각 관청 원역員役의 고립雇立(사서 세우는 군정)하는 삭포朔布(매월 지급하는 포목)를 공급하며, 도안청都案廳은 기병들을 1년에 여섯 차례씩 나누어서 신포身布를 거두어 세향·군계軍契·공가貢價의 수용하는 경비를 맡았으며, 유청색有廳色은 여정색餘丁色이라고도 한다. 인조 5년에 정원 이외의 병정을 찾아서 군적軍籍에 보충하고 남은 군정은 병조에 소속시켰다. 그 뒤로 정액定額에서 줄인 병정과 무관으로 무강武講에 낙제된 남는 군정은 비변사에서 병조로 옮겨 보냈다.

○ 유청색에서 맡은 유청군은 즉 충순위忠順衛·충찬위忠贊衛·충장위忠壯衛를 말한다. 충순위라는 것은 즉 출신군관의 아들·사위·동생·조카 등이며, 충찬위는 즉 원·종공신의 지손支孫으로 증손까지 한정하는 것이며, 충장위라는 것은 즉 전쟁에서 죽은 사람의 자손으로 증손까지 한정하며, 통칭하기를 유청군이라 한다.

○ 보충대라는 것은 공천公賤·사천私賤으로서 면천免賤하고 전의 병역이 없는 자로 충당한다.

○ 낙강군은 교생校生이나 원생院生으로 강의에 낙제된 사람에게 포布를 거두어서 조예皂隷(일선 하인들)들의 매삭 경비로 충당한다.

형조刑曹

서부 적선방에 있다. 개국 초기에 세웠다. 법률·상헌詳讞(죄의 진부를 심사하는 것)·사송詞訟(송사 즉 재판 따위)·노예에 관한 정사를 관장한다. 그 소속에 상복사詳覆司(사형 죄인에게 세 번이나 자세하게 조사하는 제도)·고율사考律司(법률의 적부를 심사하는 것)·장금사掌禁司(죄수 처리에 위법 여부를 살피는 것)·장예사掌隷司(노비·부로들의 명부를 맡은 것)의 네 관청이 있고, 이 네 관청 안에 또 2방旁에 각색이 있어서 형방과 합하면 9방이 된다. 형조정랑과 좌랑이 분임分任하고 겸임하는 청사 벽 위에 영종의 어제며 어필로 쓴 오언율시五言律詩 두 수가 있으며, 또 어필로 〈大公欽哉, 勉守法文〉의 여덟 글자와 또 〈大公至正, 謹守法文〉의 여덟 글자를 좌우의 축 밑에 게판하였다. 왼쪽에는 가명嘉名이 있는데 위는 뾰족하고 밑은 넓으며, 길이가 3척8촌, 넓이가 2척이다. 즉 주례周禮에 있는 평파민平罷民의 돌멩이며, 오른쪽에는 폐석肺石이 있는데, 밑은 둥글고 위는 뾰족하며 길이가 5척 4촌이고 4면을 8모로 만들었다. 즉 주례의 달궁민達窮民의 돌멩이다.

추관지秋官志(형조의 기록)에 보면 대전大典(법률책)에 「정부의 검상檢詳이 형조정랑을 겸임하게 된다」 하였으나, 언제부터 폐지되었는지 알 수 없다. 지금 형조에 검상청이 있다. 형조등록刑曹謄錄(형조에서 실시한 사무들을 기록해 둔 책)에 보면 당상관이나 낭청이 공사가 있으면 포청捕廳(죄인을 체포하는 곳) 종사관에게 형조로 나오라고 할 명령을 발부할 수 있으며, 공사로 좌정하면 포도부장捕盜部長이 기둥 밖에서 행례하는 규정이 있으니 포청이 형조에 소속된 관청임을 알 수 있다.

대전에는 「형조좌랑이 금화사禁火司 별좌別坐를 겸임한다」 하였으나, 금화사는 뒤에 좌우순청左右巡廳이 되었으므로 소속관청이 되었다. 인조 14년 병자호란 때에 관청의 관원으로 왕의 행차를 호위하고 따라간 사람이 1·2인에 지나지 못했으나, 형조에서는 서리書吏 7인이 호종하였으므로 그 일곱 사람은 죽도록 호조와 병조에서 식료와 포布를 주었다.

또 부계기문에 보면 「기재企齋 신광한申光漢은 신숙주申叔舟의 손자로 문장은 잘했으나 정치에는 재질이 없었다. 형조판서가 되어서 송사가 쳐밀려서 판결을 못하고 죄수와 잡혀있는 사람들로 옥이 꽉 차서 옥이 비좁아 옥사를 더 넓히자고 청하니, 중종의 말씀이 「판서를 바꾸는 것이 좋겠다. 하필 옥사를 다시 지으랴」 하고 판서를 허자許滋로 바꾸었더니 허자가 데꺽데꺽 판결해서 옥이 텅 비었다」 하니, 이것이 이른바 정치에 재질이 있는 것이다.

공조工曹

서부 적선방에 있다. 개국 초기에 세웠다. 산택山澤·공장工匠·영선營繕·도야陶冶의 정사를 관장한다. 그 소속으로 영조사營造司, 공야사公冶司, 산택사의 세 관청이 있다.

이상의 이조, 호조, 예조, 병조, 형조, 공조의 6조는 모두 경복궁 광화문 밖에 있었다.[3]

한성부漢城府[4]

중부 징청방에 있다. 개국 초기에 세웠다. 서울도성의 호구戶口의 장부와 시전市廛·가사家舍·토지·사산四山·도로·교량·구거溝渠·포흠逋欠(체납·결손 등)·부채負債·투구鬪毆·주순晝巡·검시檢屍·차량車輛·고실우마故失牛馬·낙계烙契(물건에 지져서 표하는 것) 등 정사를 관장한다. 한성부의 현판은 경조부京兆付라고 유혁연柳赫然의 글씨다.

여지승람에 보면 「한성은 고려 초기에 양주楊洲라고 고쳤다가 고려 성종 때에 좌신책군左神策軍이라 하며 황해도 해주를 우신책군이라 하여 좌우의 방위지로 정하고 관내도關內道에 소속하게 하였으며, 고려 문종 때는 남경유수南京留守로 승격시켰다. 고려 숙종 때에 김위제金謂磾가 도선道詵

3 집은 그대로 있다가 6·25 사변 때 불탔다.
4 지금의 서울시

(신라 때 신승으로 속성은 김씨)의 비결에 의해서「양주에 목멱양木覓壤이라는 곳이 있어서 서울을 세울만하다」하니 남경으로 서울을 옮기기를 청하고 일자日者(점쟁이) 문상文象이 또 거들어서 숙종이 친히 와서 보고 최사취崔思諏와 윤관尹瓘을 시켜 도성 역사를 시작하게 하여 5년 만에 준공하였다. 고려 충렬왕 때 한양부漢陽府라고 고쳤으며, 별호는 광릉廣陵인데 고려 성종 때 정한 것이다. 고려 공양왕 때에는 경기좌도京畿左道에 소속하게 했다가 조선 태조 3년에 여기에 서울을 정하고 〈한성부〉라 고쳤다.」

또 이수광이 지은 지봉유설에 보면「한성부는 평상시에 호구가 8만이던 것이, 임진왜란을 겪고 벌써 20여 년이 되어도 수만 호가 차지 못한다」했다.

이번 무자년戊子年(영조 44년)의 식년式年(일정한 조사연수) 호구를 보면 5부의 총 원호가 45,623호이고, 인구는 남녀가 합해서 203,731구라 하였다.

사헌부司憲府

서부 적선방에 있다. 개국 초기에 세웠다. 시정時政을 비판하고 백관을 규찰糾察하며, 풍속을 바루고 억울한 일을 바루어 주며, 과람過濫한 일과 사기 등의 일을 금지하는 것을 관장한다. 현판을 〈상대아문霜臺衙門〉이라고 석봉石峯 한호韓濩가 썼다.

상고해보면 사헌부를 백부柏府라고도 하고, 상대霜臺라고도 한다. 옛날 정암靜庵 조광조趙光祖가 대사헌이 되어서 성중에 남녀들이 길을 갈라서 다녔다 해서 그 법도가 엄정하였음을 지금까지도 모두들 칭송을 한다. 사헌부의 조예皂隷(까치옷 입고 다니는 포교 따위)와 각 소유所由(일을 맡아 보는 하인)들이 합해서 33명이나 되었다. 검은 포목으로 만든 한쪽 소매옷을 입고 검은 베로 만든 뾰족한 건巾을 쓰고 전포剪布를 건의 양쪽에 달았다.

이것은 풍문風聞을 찾는다는 뜻이다. 사헌부의 감찰은 문관·음관蔭官(선세 관직의 자손으로 특천해서 임용하는 것)·무관으로 임명한다. 감찰들은 매일 다시茶時가 있어서 이때에 대사헌에게 보고해서 왕에게 주계할 것을 죽 늘어 쓴다. 그리고 그 밑에는 대사헌 이하의 대신들의 관직과 성명을 쓰며 재외在外(다른 직사로 출외한 것) 미서경未署經(임명은 되었으나 소관 관원의 공람供覽 같은 것) 패부진牌不進(부로는 소패召牌를 보냈으되 출근 못한 사람) 등 사고도 써서 왕에게 올린다. 대개 옛날부터 행해서 내려오는 규례들이다. 사가 서거정의 제좌청기齊坐聽記가 있다. 「사헌부의 청사가 둘이 있는데 하나는 다시청이며 하나는 제좌청이다. 다시라는 의의는 차를 마신다는 뜻으로 고려와 개국 초기에 사헌부 관원들은 단지 언책言責(다른 관원의 비위 사실만 말하는 것)만 맡았으며 일반사무는 관계하지 않고 하루 한 번씩 모여서 차나 한 잔씩 나누고 파회하게 되어 정식관청이 아니며, 제좌청이란 것은 날짜를 정해서 크게 모여서 크게 절차를 갖추고 대사를 논의하게 된다. 그 제좌하는 의식은 들고 나며 맞아들이고 내보내는데 나아가고 물러서고 읍을 하고 사양하는 것이 절차와 조목이 자세하고 엄정해서 다른 관청과의 비교가 아니라」 하였다.

또 지봉유설에 보면 「감찰이라는 관직은 옛날 전중시어사殿中侍御史와 같은 직책이므로 세상에서 전중군殿中君이라 이른다. 사헌부에서 개좌하지 않은 날에는 성상소城上所(일정한 장소가 없으므로 성상소라 별칭함)에서 여러 전중殿中(즉 감찰)을 어디로 모이라 해서 각각 관청을 분담하게 하고, 파회하는 것을 다시라 하는 것은 차만 마시고 파한다는 뜻을 말한 것이다. 역대로 내려오면서 신하들 중에 간사하거나 탐관오리가 있을 때에는 여러 감찰들이 밤에 남몰래 그 집 근처에 모여서 그 죄악을 백판白板에 하나하나 써서 그 집 문 위에 걸어놓고 가시나무로 그 대문을 막고 꼭 봉하고 서명署名해 두고 가면 그 사람은 그만 세상에 다시 나오지 못하게 된다. 이 일이 없어진지는 벌써 오래되었다. 감찰은 백관을 규찰하고 검속檢束하므로 그전부터 검소하기에 힘쓰고 무명으로 만든 홍단령紅團領을 입고 둔한 말과 헌 안장을 타고 다녔다. 명종 말년에 처음으로 그 복색을 고치도록 허락해서 옛날 풍속이 없어지게 되었다」 한다.

감찰은 정원이 13인에서 문관이 3, 남행南行이 5, 무관이 5명으로, 모든 대소 조회 때에 문반과 무반이 동서로 나누어서 들어갈 때에 감찰 각 1인식 반원을 데리고 조회하는 의식을 규찰하게 되므로 압반감찰押班監察이라 하며 하인들은 별명을 묵자墨子라 한다. 묵자라는 것은 비위 사실을 쓰기 위하여 먹통을 가지고 따라다닌 까닭이다.

사헌부에는 여러 조목으로 난잡한 것을 금지하는 규정이 있다. 문헌비고에 보면 「옛날에 괴원정자槐院正字 정담鄭澹이 당사교직포唐絲交織布의 옷을 입고 종로거리에 나갔다가 단속하는 관리에게 걸렸다. 당하관은 교직옷을 입지 못하는 까닭이다.」

또 지봉유설에 보면 「양녕대군의 첩이 자주빛 적삼을 입었다가 금지하는 관리에게 체포되어 대사헌 오승五陞의 첩에게 청탁해서 풀려났다. 그래서 오승이 금리禁吏에게 이 일을 알리지 말라 해서, 집의執義 이하가 오승을 문비問備(즉 추고推考, 시말서 따위)하게 하고 죄를 왕에게 주청하여 왕이 파직하였다」 한다.

근년에 와서는 단지 가축의 밀도살과 서인들의 모시옷 입고 당혜唐鞋 신는 것 따위만 금지하고 옛날 대간들의 엄정하던 일들은 보이지 않는다.

사간원 司諫院

북부 관광방에 있다. 태종 2년에 세웠다. 간쟁諫諍 논박論駁하는 정사를 관장한다. 사헌부와 사간원을 양사兩司라 하고, 이 양사 장관은 옥으로 만든 해치獬豸(해타라는 신앙神羊의 짐승)를 갓의 꼭지 앞에 붙이고 사간원의 조예는 갈도喝導(대사간 행차 때 길 안내를 맡은 자)라 하고 정원이 15명이며 흙빛인 베로 만든 한쪽 소매옷만 입고 검은 베로 만든 뾰족한 건을 쓰고 그 건에는 전포剪布를 혀같이 만들어서 양 옆에 붙였다. 이것은 간쟁한다는 뜻을 알리려는 것이다. 사헌부와 사간원에는 모두 줄 그린 종이가 있다. 즉 청나라 왕사정王士禎이 지은 지북우담池北偶談에서 말한 육과만첩六科晩帖이라는 것으로 그날 늦어야 알게 되고 그 이튿날이어야 저보邸報(즉 관보와 같은 것)에 게재되게 되므로 〈만첩〉이라 한 것이다.

지봉유설에 보면 「사간원은 관청 중에서 제일 청한淸寒하기로 이름이 있어서 표피豹皮 1장을 다른 관청에 돌려가면서 세를 놓아서 그 세 받는 것으로 잡비를 쓰게 되므로 세상에서 사간원을 표피원豹皮院이라 한다. 또 신관新官들이 서로 모이는 날에는 예사로 아란배鵝卵杯로 술잔을 돌린다」 하였다.

또 말하기를 「사헌부와 사간원의 대관臺官들은 다른 관원들과 달라서 예부터의 전례에 보통 입는 평상시 의복으로 거리를 나가지 못했더니만 요새 와서는 이 법이 전연 없어지고 양사의 관원들이 모두 보통 의복으로 언제나 출입들을 하니 놀라운 것이다」 하였다.

또 상고해보면 정부의 6조와 중요한 관청들은 경복궁 앞 어로御路의 좌우에 벌려 있던 것은, 즉 옛날 제도였었는데 경복궁이 임진왜란 이후 황폐해지고 창덕궁과 경희궁이 시어소時御所가 되고 정부 이하 각 관청은 옮길 수가 없고 두 곳에 모두 궁 앞에 집 하나씩을 지어 두고 서리들과 하인들이 지키고 있다가 정원에서 반포하는 명령을 대기하고 있다. 그 집을 조방朝房이라고도 하고 혹은 직방直房이라고도 한다.

성균관成均館

동부 숭교방에 있다. 태종 2년에 세웠다. 유생들을 교회敎誨하는 소임을 맡았다. 그 소속으로 정록청正錄廳이 붙어 있고, 중학中學, 동학, 남학, 서학이 계속系屬되어 있다. 명륜당明倫堂 서편에 있는데 바깥 현판은 중국 주지번朱之蕃의 글씨이며 안에 있는 현판은 주자朱子이름 희憙의 글씨를 백록동白鹿洞 서원에서 돋우어 온 것이다. 동서에 있는 두 서재書齋는 생원生員(전장에 보는 시험)과 진사進士(후장에 보는 시험)들의 글공부하는 재실이다. 중국 동월董越의 조선부朝鮮賦에 이른바 「한갓 아래위에 기숙하는 집이 있다」고 한 것이 이것이다. 식당은 정록청 남쪽에 있는데 태조 7년에 이루어졌다.

○ **존경각**尊經閣—명륜당 북쪽에 있고, 성종 6년에 지었으며, 경서와 사기 등 서적을 보관한다.

○ **향관청**享官廳—명륜당 북편에 있는데 소나무가 빽빽해서 벽송정碧松亭이라 이름하였다.

○ **비천당**丕闡堂—명륜당의 서편에 있는데 우암尤庵 송시열宋時烈이 현판을 썼다. 벽입재闢入齋와 일량재一兩齋는 비천당 서편에 있으며, 모두 현종 9년에 세웠다. 대비大比 과거의 시험은 비천당에 개설하고 이소二所라 하며 예조에서 보이는 것을 일소라 한다. 벽입재와 일량재는 모두 거재하는 유생들의 거처하는 곳이다.

○ **육일각**六一閣—향관청 서편에 있는데 영종 19년에 세웠으며, 영종이 친사親射한 활(육예[5]의 하나) 쏘는 도구들을 보관하므로 육일각이라는 이름을 붙였다. 효종 6년에 은으로 만든 술잔 한 쌍을 성균관에 하사

---

5 육예(六藝): 〈주례(周禮)〉에서 말하는 여섯 가지 기예로 예(禮)·악(樂)·사(射)·어(御)·서(書)·수(數)이다.

해서 보관하고 있다.

우리나라 제도를 상고해보면 성균관에 거재하는 유생은 일정하게 200명을 한정했는데, 중간에 와서 경비가 부족하여 감해서 75명으로 정하였다. 영종 18년에 증원하라는 왕명이 있어 100명으로 정하여 요새도 백 명으로 한정하여 돌려가면서 거재하게 하고, 삭망朔望에 대성전大成殿에 향불을 피우게 하였다.

양현고養賢庫를 두고 유생들의 아침과 저녁 두 끼의 식사를 공급하였는데 이 두 끼의 식사를 일점一點이라 정하고 유생들이 50점 즉 50일을 거재 공부하여 50점이 찬 뒤에라야 절제과節製科(정월 일일, 삼월 삼일, 칠월 칠일, 구월 구일 같은 규정으로 보이는 명절의 과거)를 보이며, 원점유생圓點儒生이라 한다. 식당에서는 매일 유생들이 식사할 때에 북을 치면 모든 유생들이 연치대로 쭉 늘어앉아서 식사를 하게 된다. 거재생 가운데 장의掌議 2인을 뽑아서 성균관 중의 여러 논의를 맡아보고, 또 유생 중에 비위사실이 있으면 벌칙을 시행한다. 그 시행하는 벌칙은 그 죄 있는 사람의 성명을 북의 겉에 써가지고 동서재의 사동使童을 시켜서 그 북을 등에 지고 성균관 가운데 돌아다니면 여러 사람들이 떠들썩하면서 북을 친다. 이것을 명고벌鳴鼓罰이라 한다. 대개 공자가 「소자들아! 북을 울리면서 공격하라」는 의의에서 나온 것이다. 또 유생들이 정치의 대사나 관중에 있어서 의리義理에 관계되는 일이 있으면 식당에 참례하지 않는 것을 권당捲堂이라 한다. 이럴 때에는 조정에서 들어오기를 효유하고 권한 뒤에라야 도로 들어온다. 또 성균관과 중학, 동학, 남학, 서학에 기재생寄齋生이 있다. 이 사람들은 서울 이외의 유생들로 강講 시험으로 합격된 자와 통독通讀하기는 강하기만 못하지 않게 했으나 입격은 되지 못한 사람들을 차례로 보충한다.

또 상고해보면 옛날 문성공文成公 안유安裕(본명은 향珦)가 노비 백 명을 성균관에 바쳤는데, 그 뒤에 그 자손들이 수천 명이나 많게 되어 지금 반촌泮村(성균관 있는 동리 이름)에 사는 백성들이 모두 그 자손들이라 한다. 매년 9월 20일 문성공 기제일忌祭日에는 반촌 백성들이 각기 돈이나 목木(베)을 내어 제물을 융숭하게 장만해 가지고 성균관에서 제사를 올리면 성균관에서도 면포 5필을 내고 양현고에서도 쌀을 내어 제수를 보조하였다 한다.

또 요새 영남 유생들이나 벼슬아치들이 서울에 올라오면 거의 반촌 백성들의 집에 유숙하고 있으며, 비록 서울 사는 사람들이라도 과거볼 때에는 모두 수구했다는 정표가 있다. 반촌 백성들의 생계는 우리나라 제도에 서울에서 소 잡아서 파는 전방을 보통 현방懸房이라 하는데, 이것은 오로지 반촌 백성들만 하게하고 그 외의 다른 사람은 사사로 팔지 못하게 하여 이익을 보게 하며, 또 성균관에서 쓰는 아전들과 하인들도 모두 반촌 사람들로만 하게 한다. 또 상고해보면 비천당은 현종 2년에 자수원慈壽院과 인수원仁壽院의 두 여승들의 집을 폐지하고 북학北學을 세우려 하니 대사성大司成 민정중閔鼎重이 주계하기를 「북학을 설치하기가 그리 쉬운 일이 아니오니 자수원과 인수원의 재목과 기와로 성균관의 재사를 수리하고 비천당과 일양재, 벽입재를 세우게 하소서」 하니 왕이 그대로 따랐다 한다. 비천의 뜻은 주자가 그때의 송제宋帝를 찬성하기를 대유大猷(큰 규모)를 비천丕闡(크게 천양)하여 사특한 것을 물리치고 정학을 진홍시킨다는 뜻이며, 벽입闢入의 뜻은 송나라 정자程子가 이씨二氏(양자와 목자)의 해害를 논의하는데 「열어놓아야 도道에 들어갈 수 있다」는 말을 취한 것이다. 일양一兩의 뜻은 주자가 일찍이 불교의 절과 유학의 집을 폐지하고 말하기를 「하나를 들어서 두 가지를 얻었다」는 뜻을 취한 것이다.

육일각은 국조보감에 보면 영종 19년 윤4월에 처음으로 대사례大射禮(활 쏘는 의식)를 성균관에서 시행하였는데, 이것은 성종의 옛일을 따른 것이다. 영종이 활시위를 잡아 세 번이나 쏘고 향관청 동편에 집을 짓고 활과 살이며 거기에 딸린 기계와 의복 같은 것을 보관하게 하고, 대제학을 시켜서 그 사실을 기록하게 하여 명륜당에 게판하였다. 활은 여섯 가지 기예의 하나이므로 육일각이라 이름지었다.

또 문헌비고에 보면 선조 때에 문열공 조헌趙憲이 질정관質正官(의식을 맡은 사신)으로 중국에 갔을 때에 난삼襴衫(생원 · 진사들의 입는 예복 활옷)의 제도를 보고 돌아와서 우리나라에도 행하게 말하여 현종 10년에 장의 권상하權尙夏 등이 상소로 준행하기를 청하였고, 왕세자 입학할 때에 민정중이 또 청해서 왕이 그대로 따랐다.

민정중이 연경에 사신으로 갔을 때에 난삼의 제도를 자세하게 물어보고, 또 유포儒布를 사가지고 왔으나, 마침 사고가 있어서 시행하지 못하다가 영종 9년에 대사성 조명익趙明翼이 상소해서 시행하기를 청하고, 또 22년에 유신儒臣 윤봉구尹鳳九가 모두들과 논의해서 시행하기를 청하였다. 왕이 경상도 안동 향교에 옛날부터 전해오는 난삼, 연건軟巾, 조대皂帶가 있다는 말을 듣고 가져다가 보도록 분부하여 그대로 만들게 하여 1본을 성균관에 하사해서 육일각에 보관하게 하고, 또 그림으로 본을 떠서 8도에 반포하여 보게 하였다. 그래서 영종 28년에 사마시司馬試(생원, 진사의 과거) 창방唱榜(합격자를 써 붙이고 성명을 높은 소리로 부르는 것)할 때에 진사들이 처음으로 입었다 한다.

전래한 말을 듣건대, 안동향교에 있는 난삼은 고려 공민왕 때에 보관된 것이며, 중국 명나라 홍무洪武(명나라 태조시대) 때의 제도라 한다.

또 상고하면 망향대望鄕臺는 성균관 북편 산꼭대기에 있는데, 세상에 전해 오기를 「이퇴계李退溪가 언제나 북산에 올라 고향을 바라보았으므로 망향대라 한다」고 했다.

또 두 전복典僕(성균관 의식을 맡아보는 하인)의 정려각旌閭閣이 반수泮水(성균관을 둘러있는 연못 물) 동쪽에 있다. 인조 14년 병자년 호란 때에 「문묘文廟의 전복 정신국鄭信國과 박잠미朴潛美 두 사람이 시골 유생 5인과 함께 문묘의 위판位板(즉 목주木主)을 싣고 남한산성으로 들어가니 호병들도 감히 침범하지 못하였으며, 제기祭器는 산골짜기에 묻어 빼앗기지 않아서 영종 3년에 그 두 전복을 포양해서 정려했다」 한다.

문헌비고에는 「태학생 나이준羅以俊이 전복들과 함께 오성五聖(즉 공자·맹자·안자·증자·자사)과 십철十哲(공자의 문인으로 가장 우수한 열 분)의 위판을 모시고 행재소行在所(왕이 임시로 있는 곳)에 도달했다」 하였고, 「인조가 조정으로 돌아온 뒤에 정려했다」고 하였으나, 연월을 상고할 수 없다.

또 영종 18년 봄에 영종이 친필로 〈周而不比, 乃君子之公心, 比而不周, 寔小人之私意〉라고 써서 반수에 들어가는 다리 옆에 새겨서 세웠다. 이것을 붕당을 보합保合하려는 탕평비蕩平碑라 한다.

또 상고해보면 존경각은 명륜당 북편에 있는데, 성종 6년에 영부사 한명회韓明澮가 "집을 짓고 경서와 사기 등 서적을 보관하며, 또 각도에 있는 교수들이 후생들을 교훈하기에 힘쓰지 않으니 학교 제도를 충실하게 하여 문학하는 습관을 진작시키소서." 청하여 왕이 그대로 따랐다.

또 사가 서거정의 존경각 기문에 보면 「전하께서 명륜당 북편에 장서각을 짓도록 분부하고 집이 낙성되매 궐내에 비치하였던 오경五經과 사서四書 각 백여 권씩 하사하고 또 전교서典校署(뒷날 교서관)와 8도의 책판 있는 대로 책을 인쇄하여 올려 보내라」고 분부하여 경서와 사기, 여러 문장가들의 문집 수만 권이 모였다. 그래서 사예司藝·학정學正 각 1인을 시켜서 책의 출납을 맡아보게 하였다.

정록청은 즉 성균관 관원들이 입직하는 곳이다. 그런데 지봉유설에 보면 옛날부터 입직 당번관원이 언제나 당시의 정사로서 큰 일이 있으면 기록하고 이름을 〈현책玄冊〉이라 하고 궤櫃 속에 감추고 출납을 못하게 봉함하였다. 이 제도가 언제부터 시작되었는지 알 수 없으며, 임진·병자의 두 사변 뒤부터 폐지되었다.

승문원承文院

북부 양덕방陽德坊에 있다. 역시 괴원槐院이라고도 한다. 여지승람에는 홍례문弘禮門 밖에 있다 하였다. 세종 15년에 궐내로 옮겼다가 정종 11년에 다시 중부 정선방貞善坊에 설치하였다. 중국에 보내는 국서와 이웃나라에 보내는 문서들을 관장한다. 새로 급제가 된 문신들을 분관分館(새로 보직하는 것) 할 때에 승문원 관원이 되는 것을 제일 청선淸選(깨끗하고 좋은 사람 고르는 것)이라 하고, 그 다음이 성균관이며 그 다음이 교서관이다.

이숙함李叔瑊의 제명기題名記에 보면 「승문원은 사대事大(당시중국을 말한 것임) 하기 위하여 설치한 것이다. 그러므로 황제가 보내온 조서詔書나 칙서勅書를 보관하며, 이문吏文(그 나라 말로 번역)을 맡아보는 관원과 글씨 쓰는 사자관이 있으며, 또 서계書契가 있어서 이웃나라와 국교 하는 문서를 맡아본다. 고려 때에는 문서감진색文書監進色이라 해서 별감別監이라는 관원을 두었다가 뒤에는 문서응봉사文書應奉司라 이름을 고쳤다. 세종 때에 승문원이 북부 양덕방에 있어서 여염집과 섞여 있었다. 황제가 보낸 중요한 문서들을 소중히 여기는 의의에 어긋난다고 하여 궐내로 옮겨서 경복궁 북편에 각을 세우고 보관하게 하였다.」

또 지봉유설에 보면 승문원은 경복궁 안에 있는데 장서각藏書閣이 있어서 제일 높다랗게 지었고, 중국에서 온 고명誥命(왕, 왕비를 봉하고 시호 올리는 따위의 문서)과 칙서 같은 것을 보관하고 관원 3인을 두고 서고를 여닫는다」 하였다.

모든 관원들이 새로 임명되면 그 장서각 밑에 성명을 써 붙이고 큰 잔치를 배설하는 것을 제명연題名宴이라 한다. 그리고 승문원에서 한림翰林(홍문관원)·주서注書가 되어가는 것을 서비西飛(홍문관이 서편에 있으므로 서쪽으로 날아갔다는 뜻)라 한다. 혹은 새 급제로 처음 분관할 때 바로 승문원에 들어오는 것을 〈서비〉라 하기도 한다.

승문원에서 사대나 교린문서를 봉해서 올리는 날에는 의례 선온宣醞(왕의 하사주)이 있다. 옛날 그 사실을 그대로 쓴 시를 보면 「문서를 감진한 뒤에[監進文書後] 제조들이 제각기 돌아간다[提調各散回]. 녹포鹿脯는 한 입으로 베어 물고[乾獐一口割] 어주는 두룸이를 열었다[宣醞兩樽開]. 선배들이 먼저 마시고[呼大先生飮] 여러 장광들을 청한다[請諸僚長來]. 고령잔[高靈鍾](승문원 안에 있는 옛날 그릇으로 물이나 술 7·8되가 들만하며, 세상에서 전하기는 고령부원군 신숙주가 마시던 그릇이라고도 함)이 왔다 갔다 하더니만[高靈鍾上下] 옥산玉山이 무너짐을 깨닫지 못한다[不覺玉山頹].(옥산퇴는 술에 취한 고사故事라 함)」

또 문헌비고에 보면 「승문원은 중종 19년에 이문학관吏文學官을 증원하고 보통 의복 그대로 종사하게 하였으며, 또 사자관이 40명이나 있다. 개국 초기에는 사자관이 없고 문신 중에서 글씨 잘 쓰는 사람을 골라서 쓰게 하였다. 선조 때부터는 사대부나 중인은 물론 글씨 잘 쓰는 사람이면 군인의 직명을 주어서 언제고 있게 하였다. 이해룡李海龍과 한호韓濩가 즉 처음으로 발탁된 사람들이다.」

승문원의 자문지咨文紙라는 것은 심히 빳빳하고 두껍고 매끈매끈해서 옛날 중국 사람 왕엄주王弇州가 한없이 칭찬하였다. 청국 초기 사람들도 역시 시로 칭찬한 일이 있다. 주사로 도장 찍은 거울 같은 편지 종이에[丹砂印重鏡箋均] 해마다 조선에서 표문表文이 자주 온다[隔歲朝鮮拜表頻]. 깨알 같은 위부인자를 판에 박은 듯한 것이 동해에서 나는 이리 털로 만든 붓임을 믿을 수 없다[不信狼毫窮島筆, 蠅頭慣搨衛夫人]라 하였다.

통례원通禮院

중부 정선방貞善坊에 있다. 개국 초기에 세웠다. 예의禮義·조하朝賀·제사·찬알贊謁(의식에 홀기笏記를 부르거나 안내역을 맡은 관원) 등의 일을 관장한다. 좌통례, 우통례가 있는데 문관으로 임명하며, 그 다음에는 홀기 부르는 찬의贊儀와 동서창東西唱 인의引儀 12인이 있다.

상고해보면 태조 원년에 고려 때의 제도대로 합문閤門을 두었다가 뒤에 통례문通禮門이라 고쳤던 것을 태종 때에는 인진사引進使로 고치고, 첨지사僉知事·부사副使를 판관判官으로 하고, 통찬, 사인舍人을 통찬이라고만 했다가 뒤에 통례원으로 고쳤다.

봉상시奉常寺

서부 인달방仁達坊에 있다. 개국 초기에 세웠다. 제사와 시호諡號 논의하는 등의 일를 관장한다. 동적선東籍田·서적전西籍田이 봉상시에 소속되어 있다. 태종 때는 전사청典祀廳이라 하였다가 세종 3년에 다시 봉상시로 고쳤다. 관원들이 거처하는 집에 세심당洗心堂이 있다. 성중경成重卿이 현판을 쓰고 최숙정崔淑精이 기문을 지었다.

동적전은 동교東郊 10리 되는 곳에 있다. 이름을 전농典農이라 하고 친경당親耕堂(왕이 친히 토지를 경작한다는 뜻)의 관청집이 있으며, 필분각苾芬

閣이라는데 창고가 있어서 각색 곡식을 저장하고 있다.

태조 때에 적전영승籍田令丞이 있어서 선농단에 친경할 때에 제사를 맡아 보게 하였다. 서적전은 개성부開城府에 있어서 적전에서 소출되는 각색 곡식으로 종묘 이하의 비상시 특별한 제사의 자성粢盛(제사에 올리는 진지)과 종묘의 6곡 천신에 공급한다. 봉상시는 제향일을 맡았으므로 음식을 만들 줄 아는 숙수熟手가 소속되어 있다. 자주煮酒라는 술을 빚는데, 그 술을 저장해 둔 지붕은 기와가 썩는다. 제포祭脯는 편포片脯라 하는데, 편포 만드는 방법은 칼로 고기를 난도질하여 흐물흐물하게 하여 쪽쪽으로 말린다. 봄과 가을에 만들어 둔다.

성종 때 언양현彦陽縣 산성 밑에 외[苽]가 있어서 그 종자가 경적전에서 나왔으므로 적전과籍田苽라 한다. 겨울에 심어서 4월 그믐께 나라에 바친다. 그 종자가 심히 키우기 어려웠다. 성종이 이것을 알고 폐지하게 하고 경적전에 보리와 외를 심게 하였는데, 외가 제일 먼저 익으므로 단오전에 진공進貢한다.

또 문헌비고에 보면 「분봉상시는 태조 원년에 고려 때 제도대로 사농시司農寺를 두고 적전에 곡식을 경작하는 것과 제주의 예주醴酒 희생犧牲 등 일을 맡아 보게 하였다. 태종 원년에 〈전농시〉라 고쳤다가 뒤에 봉상시와 합치고 〈분봉상시〉라 하였다.」

종부시宗簿寺

북부 관광방觀光坊에 있다. 선원보첩璿源譜牒(왕실 종통의 족보)의 편찬과 종실宗室(왕의 8촌 이내)들의 비위사실을 규찰하는 것을 관장한다. 원래는 북부 진장방鎭長坊에 있던 것을 중종 때 효사묘孝思廟(연산군의 모친 윤씨 사당)를 폐지하고 종부시로 사용하였다.

종부시는 세종 21년에 종실들의 비위사실을 감독하기 위하여 둔 것이다. 요새는 제조提調·정正·주부主簿·직장直長 각 1인씩 있는데, 문관으로 하고 직장만은 음관으로 한다. 선원보첩이나 편찬하고 별달리 하는 일이 없다. 숙종 때 조그마한 각閣을 종부시 안에 세웠다.

세종의 어필로 규장각 세 글자 현판을 썼다. 정종 때 규장각을 세우고 이 현판을 주합루宙合樓로 옮겨 놓았다. 그리고 일찍이 내각內閣에 하교하기를 「내각은 첫째 종부시를 모방한 것이다. 이 규장각을 설치하기 전에는 종부시에서 송나라 용도각龍圖閣 제도와 같이 우대하여 종부시 판사가 시신侍臣의 반열에도 참례하고 또 춘추관 사관의 직함도 겸하였다. 청사 앞에는 월대月臺가 있어서 사헌부와 비교할 만큼 왕에게 계청하지 않고도 백성과 서민을 형벌로 다스렸고, 언관言官이 아니면서 조사朝士들의 파직까지 주청하였으며, 국조國朝의 전적典籍·전장典章의 출판하는 일 까지도 주관하지 않은 일이 없다. 그러나 내각만은 이렇게 하지 못하였으며, 더군다나 어필로 쓴 규장각 현판을 옮겨 간 뒤부터는 사면事面이 달라졌다. 그 규정을 불가불 참작하고 상고해서 규장각 제도를 정하지 않을 수 없다.」

또 윤자영尹子榮의 제명기題名記에 보면 「그 직책은 왕족들을 맡아서 비위사실을 시정시키며, 선원보를 편찬해서 보첩을 정확하게 하고, 관원을 설치하는 데 엄정하기가 사헌부나 사간원과 서로 비슷하다」 하였다.

교서관校書館

중부 정선방에 있다. 본래는 남부 훈도방薰陶坊에 있던 것을 정종 6년에 밖으로 옮기고 경적經籍을 박아내고 향축香祝과 인장 새기는 소임을 맡아보게 하였다.

상고해보면 개국 초기에 교서감을 두었다가 감監을 뒤에 관으로 고쳤으며, 또 전교서典校署라고도 했다가 또 다시 교서관校書館이라 하고 역시 〈운관芸館〉이라 하였다. 현판에는 비서성秘書省이라 하였다.

여지승람에 보면 경복궁 안 사옹원司饔院의 남쪽에 있는 것을 교서관 내관內館이라 하고 훈도방에 있는 것을 외관이라 한다.

정종 원년에 내각제학內閣提學 서명응徐命膺이 차자箚子를 올려서 「내각의 여러 신하들로 교서관 직함을 예겸例兼하도록 하고, 시어소와 가까운 관청 집과 바꾸게 하고 밖에 있는 관청에서 책을 박아내고 새기고 하는 일들을 모두 내각에서 주관하게 하소서」 하고 청하여, 정종이 그대로 하기로 하고 교서관을 밖으로 옮기게 하고 내각에 소속된 관청으로 하여 〈외각外閣〉이라 이름하고 내각의 제학提學·직제학으로 제조提調를 겸하게 하며, 직각直閣과 대교待敎로 교리校理·박사博士 이하를 겸하게 하였다.

외각에는 동활자銅活字 세 종류를 쌓아두게 하였다. 즉 위선음즐자爲善陰隲字·당자唐字·한구자韓構字이다. 창준唱準·수장守藏이라는 이름들은 활자를 맡고 있는 원역員役들이며, 균자장均字匠·책장冊匠·각수刻手가 모두 소속되어 있다.

장예원掌隷院

서부 적선방에 있다. 노비의 부적簿籍과 결송決訟(즉 재판)하는 일을 관장한다. 세조 30년에 세웠다가 영종 40년에 혁파해서 보민사保民司로 고쳤다가 51년에 영구히 폐지하였다.[6]

사복시司僕寺

6 뒤에 한성부에서 맡았다.

중부 수진방壽進坊에 있다. 개국 초기에 고려 때 제도에 따라 두고 수레 끄는 말과 말 사육하는 것을 맡았다.

문헌비고에 보면 역시 의견으로 말하기를 「겸사복兼司僕은 지금의 금군禁軍과 같은 관청이며, 용호영龍虎營에 소속되어 있다. 그러나 여지승람에 사복시가 따로 되어 있으니 과연 이것이 정당한 과원이라면 그 원수員數가 이렇게 많겠는가. 필시 중간에 연혁沿革(그대로 있기도 하고 바뀌기도 한 것)이 있은 듯하나 상고할 수 없다」 하였다.

또 상고해보면 내사복시內司僕寺가 창경궁 안에 있었으므로 수진방에 있는 것을 〈외사복시〉라 해서 집이 크고 뜰이 넓어서 말 달리기에 좋다.

군기시軍器寺

서부 황화방皇華坊에 있다. 개국 초기에 고려 때 제도에 따라 군기감軍器監을 두었다가 뒤에 새로 고치고 병기와 화약 만드는 일을 맡았다.

정이오鄭以吾의 화약고 기문記文에 보면 「군기부정軍器副正 최해산崔海山이 나에게 말하기를 "저의 부친께서 전부터 왜구를 걱정하고 수전水戰에서 화공火攻할 계책을 생각하여 염초焰硝 만드는 법을 배우려 하던 중에 마침 중국 사람 이원李元이 염초장焰硝匠으로 있다는 말을 듣고 그 술법을 배우기 위하여 가동家僮(집에서 사환하는 동자)을 시켜 대우를 잘하게 하고, 사사로 그 방법을 배워서 실제로 만들어서 시험해 본 뒤에 조정에 건백建白해서 고려 우왕禑王 3년에 처음으로 화통도감火桶都監을 설치하고 염초를 만들어 두었다가 왜구가 크게 침입해서 세 원수元帥 최영崔瑩·이성계李成桂·심덕부沈德符와 저의 부친께서 화통과 화포를 준비해서 진포鎭浦에서 올라오는 것을 역습하여 왜선 30척을 불사르고 그 괴수 손시라孫時剌를 죽였습니다."」 하니 이것이 즉 우왕 6년 8월이다.

최해산의 부친 이름은 무선茂宣이며, 고려 말기의 사람이다. 조선 태조 때 최무선에게 검교참찬 문하부사 군기시감檢校參贊門下府事軍器寺監을 시켰다. 이가 즉 우리 조선에서 화약을 만들게 된 시초인 것이다.

내자시內資寺

서부 인달방仁達坊에 있다. 개국 초기에 고려 제도에 따라 의성고義成庫를 두었다가 태종 3년에 내자시로 고치고 궐내에 공급하는 쌀·밀가루·술·장·기름·꿀·소채·과실이며 궐내에서 연회할 때에 쓰는 직물織物 등을 맡게 하였다. 직물 등은 지금에는 폐지되었다.

내섬시內贍寺

서부 인달방에 있다. 개국 초기에 고려 제도에 따라 덕천고德泉庫를 두었다가 태종 3년에 내섬시로 고치고 궐내에 공급하는 2품 이상의 술과 왜인·야인에게 직물 등을 공급하는 일을 맡게 하였다.

상고해보면 내자시에서 공급하던 2품 이상의 술과 왜인·야인에게 공급하던 직물은 요새 와서 폐지되고 단지 기름, 초와 소선素膳으로 여름에 공급하는 채품에 우무라는 것은 바다풀에 가시 돋친 것으로 끓여서 어리어 풀이 되게 하여 가늘게 썰어 초장에 타서 마시면 산뜻한 맛이 있으며 척서滌署도 한다(지금의 한천).

사도시司䆃寺

북부 광화방廣化坊에 있다. 즉 창덕궁 금호문 밖이다. 개국 초기에 고려 때 제도에 따라 요미고料米庫를 두었다가 뒤에 사도시로 고쳤다. 왕실용 미곡과 궐내에서 쓰는 장 같은 것을 맡았다. 쌀은 귀 떨어지거나 부러진 것은 버리고 통낱알만 골라서 바치었다.

예빈시禮賓寺

원래는 의정부議政府 남쪽에 있던 것을 태조 원년에 고려 때 제도를 따라 설치하였다. 대신이나 외국 사신의 연회와 종실 재상들의 공궤供饋하는 등의 일을 맡았다. 태종 3년에 의순고義順庫를 예빈시에 합치고 정종 2년에 예빈시를 남별궁南別宮으로 옮겼다. 그래서 칙사의 제공만 전문으로 맡아 보게 하였다. 궁궐 안에 명설루明雪樓가 있는데 올라서 전경을 바라보기 좋았다. 칙사들이 지은 시의 현판이 많이 있으며 근래의 칙사들의 시 가운데는 영화英華의 오언율시五言律詩가 제일 잘 되었다.

문헌비고에 보면 개국 초기에 대신들의 선반宣飯(정사가 있거나 오료가 필요할 때 대신들에게 제공하는 음식)으로 예빈시를 설치하였으나, 선반의 제도를 혁파한 뒤에 칙사의 제공만 전문으로 맡아 보게 하였다.

대개 대신들의 접대는 예빈시에서 하게 되었으므로 유문쇄록謏聞瑣錄에 보면「익성공 황희黃喜가 정승이고 김종서金宗瑞가 공조판서로 있을 때에, 한 번은 공사로 모이게 되었는데 김종서가 공조에서 술과 과일을 약간 준비해서 대접하였다. 황 정승이 "이 주과를 어디서 가져왔느냐?" 물은 즉 하인들이 대답하기를 "식사시간이 늦어져서 여러분들이 시장하실까 보아 걱정이 되어 공조판서께서 준비시킨 것입니다." 하였다. 황 정승이 대노하여 말하기를 "국가에서 예빈시를 정부 옆에 설치한 것은 삼정승을 위해서 둔 것인데, 만일 시장하게 되면 당연히 예빈시에 시켜서 준비할 일이지 어찌 사정으로 공금을 쓰게 한단 말이냐?" 하고 왕에게 죄 주기를 청하려 하는 것을 여러 재상들이 말리었으나 끝내 공조판서 김종서를 불러서 크게 꾸짖었다」 하였다.

뒤에 정승 김극성金克成이 이때 이 일을 경연經筵에서 왕에게 주계하고 하는 말이 "대신은 당연히 이만해야 조정을 진압 통솔할 수 있습니다." 하였다.

또 상고해보면 옛날 예빈시에는 연못이 있어서 묵어서 먹을 수 없는 쌀로 물고기를 길러 한 달에 10두씩이나 소비하였다. 태종 때 「쌀이 비록 묵고 썩었더라도 나물보다는 나을 것이다. 백성들 중에 굶는 사람이 있되 구휼하지 못하면서 왜 양어에 소비한단 말이냐」 하고 양어 폐지를 분부하였다.

사섬시 司贍寺

원래는 동부 숭교방崇敎坊에 있었다. 개국 초기에 세웠다. 저화楮貨(종이로 만든 화폐)와 따로 나가있는 노비들의 공포貢布(천역 대신으로 바치는 포) 등 일을 맡았다. 숙종 31년에 혁파해서 호조에 부속시키고 판적사版籍司에서 군자감軍資監을 겸해 보게 하였다. 그 관청은 서부 용산방龍山坊에 있으며, 개국 초기에 세웠고 군수물자를 비축하게 하였다.

여지승람에 보면 「군자감은 서부 여경방餘慶坊에 있고, 분 군자감은 숭례문에 강감江監은 용산강 북편에 있다」 하였다.

지봉유설에는 「선조 임진년(25년) 군자감에 30만 석이나 되는 곡식이 있었으며, 왜적들이 물러간 뒤에도 4·5만 석이나 남아서 군량에도 보태고 기민饑民도 구휼하였다」 하였다.

제용감 濟用監

중부 수진방에 있다. 개국 초기에 고려 때 제도대로 설치하고 궐내에 바치는 포목·인삼과 왕이 대신이나 유공자에게 하사하는 의복이며, 사라

紗羅 · 능단綾緞 · 포화布貨의 채색 염색하고 직조하는 등의 일을 맡았다.

문헌비고에 보면 「태조 원년에 고려 때 제도에 따라서 도염서都染署(포목을 염색하는 관청)를 설치하고 염색하는 일을 맡게 하였으나 뒤에 제용감에 합치고 인삼 · 사라 · 능단 · 포화의 직조는 지금 폐지되었다.」

이 제용감 연못에 수양이 있는 풍경이 좋아 선친께서 여러 번 낭관郎官을 지냈는데 한 번은 입직할 때 시를 지었다. 「마치 붉은 꽃 자주빛 풀을 감상하는 듯 십 년 교서관에서 겸함을 되풀이했도다. 시든 연잎은 흰 서리에 그대로 있되 두어 그루 단풍잎은 그대로 붙어있다. 임시로 입은 갑옷은 무관을 겸하였고, 고요히 야담은 여덟 권이나 보았다. 가을 꽃아 내 얼굴 변했다고 웃지 마라. 옛날 9품이 지금의 5품이다[似是紅花紫草監, 十年文苑再兼啣, 殘荷玉露凄仍在, 數樹丹霜着己咸, 權戴武冠添乙骨, 閒看稗史到辛函. 秋花却笑朱顔改, 前度郎今五品衫]」.

선공감繕工監

서부 여경방에 있다. 개국 초기에 세웠다. 토목의 건축과 영선營繕(수리하는 일) 등의 일을 맡았다. 여지승람에는 북부 의통방義通坊에 있으며, 용산강가에 있는 것을 강감江監이라 하고 청덕궁 금호문 밖에 있는 것을 자문감紫門監이라 한다. 시어소의 궁전 내부와 각 관청의 수선이며 차비문差備門 안의 각항 쓰는 그릇의 준비와 내빙고內氷庫의 공상供上을 맡았다.

상고해보면 선공감에 소속되는 압도鴨島가 고양군의 강 북쪽에 있는데 대갈대와 풀갈대를 생산한다. 사방의 경계가 130결의 넓이가 된다. 대갈대는 속대가 길게 뻗어서 처마에 치는 발과 키 · 삿자리 등을 만들고, 풀갈대는 줄기가 가늘어서 줄기와 잎대를 베어다가 울타리를 만든다.

사재감司宰監

북부 순화방에 있다. 개국 초기에 고려 때 제도대로 설치하고 생선 · 고기 · 소금의 공급과 연료목 · 횃불 등 일을 맡았다.

장악원掌樂院

남부 명례방에 있다. 개국 초기에 세웠다. 성률聲律(음악)을 맡았다. 아악雅樂은 장악원 좌방左坊에서 관리하고 속악은 우방에서 관리하며, 매월 초2일과 6일, 12일과 16일 · 22일 · 26일에 장악원에서 풍악을 강습한다.

성현成俔의 장악원 기문에 보면 「우리 세종대왕께서 고악古樂을 부흥시키기를 걱정하시고 아악을 태상시太常寺에 분부하시어 관습도감慣習都監을 설치하고 향악과 당악을 가르치게 하였다. 맹사성孟思誠과 박연朴堧으로 제조를 시켰으며, 세조께서는 고악 · 향악 · 당악 세 가지 음악을 한 곳에 합쳐서 장악원이라 이름하였다. 연산군 11년에는 기생들을 모아 두고 연방원聯芳院이라 고쳤다가 뒤에 장악원이라 다시 고쳤다.」

장악원의 악공 227인은 속악을 배우며 악생 105인은 아악을 배운다. 모두 붉은 명주로 만든 도포를 입고 꽃무늬 놓은 뿔 없는 복두幞頭(뿔 없는 사모 모양)를 쓴다. 악사는 전악공典樂工이라 하고, 20인으로 고취鼓吹(북치고 생황 부는 주악)할 때에 초록색 갑사 도포를 입고 박두를 쓰고 박자(치는 것)를 갖고 따른다. 시작할 때나 쉴 때나 마칠 때에 박자를 친다. 또 관현악이 있고 장님 15명이 장악원에 소속된다. 전설로 요새 장악원 있는 곳이 지세가 강려剛勵(메마르고 지력이 센 것)해서 좋지 못하므로 장악원을 설치하여 그 연울湮鬱(서리고 어린 것)한 지기를 발산시킨다 한다.

관상감觀象監

북부 광화방廣化坊에 있다. 개국 초기에 세웠다. 고려 때 제도에 따라 서운관書雲觀을 두고 천문·지리·역수曆數·점산占算·측후測候·각누刻漏(시각) 등 일을 맡았다. 세종 때 와서 관상감이라 고치고, 연산군 12년에 사역서司曆署로 고쳤다가 중종 초년에 관상감으로 복구하고 일영대日影臺와 흠경각欽敬閣이 있었다.

문헌비고에 보면 「세종 15년에 제학 정인지鄭麟趾 등을 시켜 칠정산七政算(책력 만드는데 쓰는 계산법) 내외편을 만들게 하였다. 명나라 태조 이후에는 명나라 대통력大統曆을 썼고, 효종 4년에 처음으로 서양사람 탕약망湯若望의 시헌역법時憲曆法을 썼다. 세종 때는 간의대簡儀臺를 경회루 북편에 쌓았고, 선조 때는 흠경각과 보루각報漏閣을 창덕궁 안에 세웠다. 영종 46년에 영종이 세종 때의 측우기 제도를 보고 호조에 분부하여 창덕궁과 경희궁에 있는 서운관에 설치하게 하고 또 이 전년에 제조 서명응이 경복궁 계체階砌 사이에 돌에 새겨져 있는 천문도天文圖를 찾아냈다. 글은 권근權近이 지었고, 설경수偰慶壽가 썼던 것이다. 영종이 서운관에 분부하여 따로 집을 짓고 옮기라 해서 그 집 이름을 〈흠경각〉이라 하였다.」

전의감典醫監

중부 견평동에 있다. 개국 초기에 세웠다. 의약醫藥 진공하는 일을 맡았다. 선조 36년에 치종청治腫廳을 두고 종기 다스리는 것을 관장하게 했다가 뒤에 전의감으로 합쳤다.

고려도경高麗圖經에 보면 「고려 때의 옛날 풍습에는 백성들이 병에 걸려도 약은 먹지 않고 단지 귀신에게 빌거나 주문을 외어 귀신 쫓는 것만 일삼았다. 왕휘王徽(고려 제11대 문종의 성휘)가 사자를 보내 의원을 청구한 뒤부터 사람들이 약간 익혀보려 했으나, 그 술법에는 정통하지 못하였고 선화宣化 무술년戊戌年(宣化는 重和이며 1118년—역자 주) 고려에서 사신이 와서 의원 남줄藍茁을 보내주어서 훈도訓導로 하였다가 2년 뒤에 돌아왔다. 그 뒤로부터 의원들의 왕래가 잦아서 보제사普濟寺 동쪽에 약국을 세우고 의원을 두었다」 한다. 그러나 과연 이 말과 같으면 우리나라에서 의당 남줄을 숭배하고 기념할 터이나, 고려시대에는 그런 일이 없었고 지금도 말하는 사람도 없으니 원통하지 않겠느냐.

옛날에 숙사宿沙가 맨 처음으로 소금 굽는 법을 시작했으나 사당을 세우지 않아서 중국 사람들이 원통하게 여기니 바로 이 일과 비슷하다.

사역원 司譯院

서부 적선방에 있다. 개국 초기에 세웠다. 여러 나라 언어의 통역과 번역을 맡았다. 역관에게 책을 강의하는데, 한학漢學은 한학직해漢學直解·소학小學·박통사朴通事·노걸대老乞大 등이며, 몽고학蒙古學은 장기첩월진章記帖月眞·공부자孔夫子·하치우라何赤厚羅·정관정요貞觀政要·대루원기待漏院記·토고안거리吐高安巨里·나백안羅伯安·파두노걸대波豆老乞大·속입실速入實 등을 글자로 쓰게 하며, 수성사감守成事鑑·왕가한어사잠王可汗御史箴·황도대훈皇都大訓·고란가둔高難加屯 등을 읽게 하였다.

문헌비고에 보면 「중국 사신을 왕이 접견할 때에 통사를 시켜서 말을 전하기를 "우리나라의 진정임을 이해해서 황제께 잘 말씀드려 주시는 것이 대인大人(즉 선생·귀관의 의미)에게 바라는 바이오" 하니 중국 사신이 말하기를 "감히 찬양贊襄(잘 말한다는 뜻) 하지 않겠으리까?" 하는 것을 통사가 알아듣지 못하였다. 이때 이덕형李德馨이 옆에 모시고 있다가 즉시 찬양한다는 뜻으로 계달하니 왕이 신기하게 여겼다. 이로부터 중국 사신이 올 때에는 문관 신하인 통사를 쓰게 하였다.」

또 오리梧里 이원익李元翼과 백헌白軒 이경석李景奭도 모두 한어에는 훌륭하였다. 제원관提院官이 되어서 올 때에는 반드시 한어로 수작하였다.

김덕승金德承은 계급과 망수가 중하中下에 있었으나 언제나 한학교수를 겸직하였으며, 민정중閔鼎重은 사학四學(동·남·서·중학)의 나이 어리고 재주 있는 사람들을 고루 뽑아 우어청偶語廳이란 것을 설치하고 중국 사람 문가상文可尙·정선갑鄭先甲을 왕에게 말씀드리고 국고를 지출케 하여 한어 훈장을 임명하고 각학 훈장도 내어서 날로 공청에 모여서 우리말은 못하게 하고 부지런히 강습하게 하며, 때때로 직접 시험을 보이게도 하였다.

광흥창廣興倉

서강西江에 있다. 고려 때 제도에 따라서 설치하고 백관의 녹봉을 보관한다.

종학宗學

북부 관광방에 있다. 종실들의 교회敎誨하는 소임을 맡았다. 세종 32년에 처음 세웠다가 중종 때 혁파하였다.

제생원濟生院

태조 6년에 조준趙浚의 청으로 처음 설치하고 각도 감사에게 공문을 보내 매년 시골서 생산되는 약초 재료를 올려 보내게 하였다. 마치 혜민국惠民局의 예와 같이 했으나 뒤에 혁파하였다.

상고해보면 북부의 계생동桂生洞은 즉 옛날 제생원이 여기에 있었으므로 〈제생동〉이라 하였다. 제와 계가 음이 비슷해서 뒤에 계생동이라 하다가 또다시 계동桂洞이 되었다.

수성금화사修城禁火司

종루의 동편에 있다. 궁성과 도성의 수축과 궁궐·관청·방리坊里의 화재방지 내지 소화 등의 일을 맡았다. 뒤에 혁파되고 금화하는 일은 한성부에 소속되었다. 밤에는 순청巡廳에서 맡아보며 성축 수리는 병조에 소속되었다.

내수사內需司

서부 인달방仁達坊에 있다. 개국 초기에 창설하였다. 궁내에서 수용하는 쌀·목·잡물과 노비를 관장한다.

상고해보면 호조에서 정당한 경상비經常費 이외에 쓰는 것은 따로 내수사를 두고 궁내의 사용하는 것을 쓰게 하므로 그 전수별좌典需別坐와 전회典會·전곡典穀·전화典貨의 관원은 모두 내관들로 겸직하게 한다.

소격서昭格署

북부 진장방鎭長坊에 있다. 개국 초기에 설치하였다. 삼청전三淸殿이 있어서 삼청 성신星辰의 초제醮祭를 맡았다. 문헌비고에 보면 중종 때 혁파하였다가 20년에 다시 설치하였고, 뒤에 임진년 병화로 그만 혁파되었다.

상고해보면 소격서는 중종 13년에 부제학 조광조가 상소해서 폐지하기를 청하여 왕이 그대로 따랐다. 소격서 집은 지금 다른 관청이 되었고, 구리로 만들었던 그릇들은 주자소鑄字所로 옮겼다.

성현成俔이 지은 용재총화慵齋叢話에 보면 「소격서는 중국 도가道家의 일을 본받은 것이며, 태일전太一殿에는 칠성 여러 별들을 제향하는데 그 화상은 모두 머리를 헝클인 여자의 모양이며, 삼청전에는 옥황상제의 태상노군太上老君·보화천존普化天尊·재동제군梓潼諸君 등 십여 위를 제향 하는데 모두 남자의 얼굴들이며, 그 밖의 여러 단에는 사해의 용왕, 신장, 명부冥府의 십왕과 수부水府의 여러 귀신들로 제명한 위판이 수백이나 된다. 헌관과 여기에 종사하는 관원들은 흰 옷에 검은 건을 쓰고 재계를 드리며 관대와 홀笏 예복으로 제사를 행하는데, 여러 과일과 떡·차·탕과 술을 드리고 향을 태우고 백배한다. 도류인道流人이 도경道經을 읽고 또 푸른 종이에 축사祝辭를 써서 태운다. 그 하는 꼴은 마치 애들의 장난하는 것과 같다. 그러나 조정에서는 관원을 설치하고 직책을 맡겨서 공연한 푸닥거리 제사를 지내게 하며, 제사 한 차례의 소비가 적지 않다」 하였다.

지금 소격서 옛터 삼청동에 샘물이 있고, 〈성제정星祭井〉이라 한다. 물맛이 차고 맵다. 양촌 권근의 시에 「땅에 신령스러운 샘물이 졸졸 나오고[地湧靈泉靜] 산은 도를 감추어서 환경이 그윽하다[山藏道境幽]」고 하였다.

또 사숙재私塾齋 강희맹姜希孟의 시에도 「구름 밖에 신선의 패물소리 들기는 듯, 바람 끝에 남모르는 향기를 보낸다. 이슬이 주궁珠宮을 적시매 문이 닫히려 하고 은하수가 조각한 원장에 닿을 듯하다[雲際如聞仙佩, 風端暗送天香, 露濕珠宮欲閉, 星河低度彫墻]」라고 하였다. 요새 와서는 장님이 점치는 것과 도경 외운 것으로 생업을 삼는다. 그래서 경문을 외고 부적과 주문을 외는 것이 즉 도류들의 하는 일이다. 생각건대 소격서가 혁파한 뒤에 도류들의 하는 일은 그대로 장님들에게 전하게 되어서 생업을 하게하는 것일까. 현종 때 좌의정 심지원沈之源이 말하기를 "서울 안에 있던 소격서 터에 유황硫黃이 생산되는데 요새 와서는 수직守直하는 이가 없어서 반드시 비밀히 채취할 염려가 있을 듯하오니 해당관청에 분부하여 수축하고 수직하게 하소서" 하니 그대로 시행하였다.

사직서社稷署

사직단 밖에 있다. 개국 초기에 세웠다. 고려 때 제도대로 창건하고 단유壇壝의 쇄소灑掃를 맡았다. 사직서에 구리쇠로 만든 시루 1좌가 있다. 풍년을 비는 제향 때 편을 찔 때에 시루 우는 소리가 우렛소리 같으면 풍년의 징조라 한다. 여러 번 시험해 보아도 틀리지 않는다. 사직서에 수복守僕 8명이 있다.

종묘서宗廟署

종묘 원장 안 동편에 있다. 개국 초기에 창건하였다. 침묘寢廟 수호하는 것을 맡았다.

상고해보면 종묘 대문 밖 길옆에 겹쳐 놓은 네 개의 반석이 있다. 즉 옛날 일구日晷 대석이다.

여지승람에 보면 「혜정교惠政橋는 운종가雲從街[7]의 동쪽에 앙부일구대仰釜日晷臺가 있으며, 김돈의 명銘에 말하기를 모든 시설 중에도 이것이 심히 중요하며, 밤에는 경루更漏가 있으나 낮에는 알기 어렵다. 구리로 그릇을 만드니 모양은 가마와 같으며, 지름으로 원圓과 구矩를 그은 것은 자시子時가 오午시를 상대한 것이다. 구멍이 오목한 데 따른 것은 점을 뚜렷하게 하는 것이며, 안에 도수度數를 그은 것은 주천周天을 반분한 것이다. 신기한 몸체에 그림 그린 것은 어리석은 백성을 위한 것이고, 분각分刻을 분명하게 하는 것은 해 비칠 때 알게 함이며, 길가에 둔 것은 여럿이 보게 함이다. 이로부터 시작하여 백성들도 만들기를 알 것이다[凡所施設, 莫大是也, 夜有更漏, 晝難知也, 鑄銅爲器, 形似釜也, 徑設圓矩, 子對午也, 竅隨拗回, 點芥然也, 晝度於內, 半周天也, 圖畫神身, 爲愚氓也, 刻分昭昭, 透日明也, 置于路傍, 觀者聚也, 自今伊始, 民知作也].」

---

7 지금의 종로 네거리

일구의 제도는 요새 와서는 듣지 못했으나, 그 대석은 완연하게 있다. 종묘서에 수복 30명이 있다.

사온서司醞署

서부 적선방에 있다. 개국 초기에 고려 때 제도에 따라 설치하고 술과 감주를 공급하게 한다. 지금은 혁파되었다.

평시서平市署

중부 경행방慶幸坊에 있다. 개국 초기에 세웠다. 시전市廛을 감독하여 도량형의 공정과 물가의 고저를 조절한다.

의영고義盈庫

서부 적선방에 있다. 개국 초기에 고려 제도에 따라 설치하고, 기름·꿀·황납黃蠟·호초胡椒등의 물건을 맡아본다. 이 의영고는 소선素膳에 관한 물건만 전문으로 맡아본다. 그러나 대내에서 방에 켜는 납촉도 역시 진공한다.

장흥고長興庫

원래는 남부 회현방에 있었고, 뒤에 서부 인달방으로 옮겼다. 개국 초기에 고려 때 제도에 따라 설치하고 자리·유둔油芚(장판지) 종이 등의 물건을 맡아보게 하였다. 풍저창豊儲倉을 장흥고에 예속시키고 주부主簿 2인이 있는데 미색米色·면색麵色이라 한다.

빙고氷庫

동고는 둠개[豆毛浦]에 있는데 제향의 얼음만 진공하고, 서고는 둔지산屯智山에 있는데 어주御廚(수라간)와 백관들에게 공급한다. 개국 초기에 세웠다. 얼음을 보관하고 공급하는 것을 맡았다. 동빙고에는 옥호루玉壺樓가 있고, 경치가 좋다 한다. 매년 섣달에 낭관이 나가서 사한제司寒祭를 올리고 현명씨玄冥氏를 향사한 뒤에 한강의 얼음을 깨어다가 보관한다. 만일 겨울 일기가 따뜻해서 얼음이 얼지 않으면 산골의 얼음이라도 깨어다가 보관하고 춘분에 개빙제를 올리고 역시 현명씨를 향사한 뒤에 얼음을 진공한다. 또 내빙고가 있는데 어공御供만 전문으로 맡아본다. 궐내에 각전의 전감殿監을 두고 얼음을 각색으로 물들인다.

장원서掌苑署

북부 진장방鎭長坊에 있다. 개국 초기에 세웠다. 원유苑囿[8]의 꽃과 과실을 맡아본다. 서울의 원유는 용산·한강 등에 있고, 외방의 원유는 강화·남양·송도 등에 있다. 장원서의 관노官奴로 원직을 시킨다. 과천·고양·양주·부평에 있는 것은 가까이 있는 백성들로 원직을 정해서 과세果稅를 수납하게 한다.

상고해보면 지금 장원서 자리는 즉 단종 때 순절한 매죽헌梅竹軒 성삼문成三問의 옛 집이다. 아정雅亭 이덕무李德懋의 시에 말하기를 「절사節士의 심은 것을 그윽이 생각하니, 솔 그늘에 말없이 쉬고 있다[慨想節士植, 松陰憩寂然]」 하였다. 내가 어릴 때에도 이 매죽헌이 친히 심은 나무가 썩어있는 것을 보았다. 뒤에 사람들이 비석을 세워서 표하였다.

장원서는 매년 9월 9일에 국화의 분재盆栽를 궐내와 내각에 진공하였다.

---

8 대궐 안에 있는 동산

그런데 성종 때 장원서에서 영산홍映山紅 분재 하나를 바치니 성종의 말씀이 "겨울에 꽃을 피게 하는 것이 사람의 공으로 된 것이니 뒤에는 다시 바치지 말라" 하였다.

사포서司圃署

중부 수진방에 있다. 제용감과 이웃에 있다. 개국 초기에 처음으로 설치하였다. 원포苑圃[9]의 소채(채소)를 맡아본다.

양현고養賢庫

동부 숭교방의 성균관 북편에 있다. 개국 초기에 고려 때 제도에 따라서 설치하였다. 성균관 유생들에게 쌀·콩 등과 같은 것들을 공급한다.

양현고 뒤에 부군당附君堂이 있다. 고려 공민왕과 왕비며 최영崔瑩 장군의 영정을 봉안하였다. 대개 각 아문衙門(관청집)에 모두 부군당이라는 것이 있어서 아전과 관로들이 기도하고 제사한다. 음사淫祠인 것이다. 지봉유설에 보면 「요새 풍속에 각 아문에 예사로 빌고 제사하는 곳이 있어서 이름을 〈부군당〉이라 하고 새로 부임한 관원은 꼭 제사를 하고 복을 빈다 한다. 옛날 어효첨魚孝瞻이 부임하는 곳마다 있는 부군당을 모두 불태워 버리고도 벼슬이 일품에 이르렀고, 아들 세겸世謙도 역시 정승까지 되었으니 어찌 빌고 제사한다고 복이 오겠는가」 하였다.

전생서典牲署

숭례문 밖 남부 둔지방屯智坊 목멱산木覓山 남쪽에 있다. 개국 초기에

---

9 과수나 채소를 가꾸는 밭

처음으로 설치하였다. 제사에 쓸 희생犧牲의 사육을 맡았다. 정청의 현판을 간줄헌看茁軒이라 하고 곁에 연못이 있으며, 정자 이름을 불구정不垢亭이라 하였다. 사천槎川 이병연李秉淵의 간줄헌 기문이 있다.

우리나라에는 원래 양羊이 없으나 전생서에서만 양과 염소를 사육해서 제향에 공급한다. 그러나 요새 와서는 염소만 있고 양은 없다 하며 생우牲牛(대제에 쓰는 소)는 종묘에는 검은 빛을 쓰고 문묘에는 붉은 빛을 쓴다.

사축서 司畜署

남부 회현방에 있다. 개국 초기에 고려 때 제도에 따라서 설치하고 잡축雜畜을 사육하던 것을 영종 48년에 혁파하고 호조에 합쳤다.

조지서 造紙署

창의문彰義門 밖 탕춘대蕩春臺에 있다. 개국 초기에 처음 설치하고, 표表·전箋·자문지咨文紙와 여러 가지 종이를 만들게 하였다. 탕춘대 앞에 시냇물과 반석이 있어서 종이 만드는 데 적당하므로 조지서를 여기에 두게 하였다. 탕춘대 부근에 민가 수백 호가 있는데 제지업을 전문으로 생계를 하고 있다.

혜민서 惠民署

남부 태평방에 있다. 개국 초기에 고려 때 제도인 혜민고 제도에 따라 설치하고 백성들의 질병을 치료하고 의녀醫女들을 교습시킨다. 혜민서에 의녀 70명이 있는데 각 읍에서 기생들로 뽑아 올려서 교습시키고 내국內局(궐내의 약국)의 여의가 부족할 때에 보충한다.

도화서圖畫署

중부 견평방에 있다. 개국 초기에는 도화원을 두었다가 뒤에 서署로 고치고 그림 그리는 일을 맡았다. 화원이 모두 30명이며 또 전자관篆字官(전자 전문) 2명이 있다. 젊은이 중에 총민한 자를 골라서 예조의 당상관이 출제해서 고시하고 연말에 점수 많이 받은 자를 병조에 추천하여 일 년을 기한으로 녹봉을 주게 한다.

용재총화에 보면 「우리나라에서 이름 있는 그림이 심히 드물며, 근대로 보면 고려 공민왕의 그림이 격조가 높아서 도화서에서 보관해 둔 것이 많다」 한다.

전옥서典獄署

중부 서린방瑞麟坊의 금부 앞에 있다. 개국 초기에 고려 때 제도에 따라 설치하고 죄수 가두는 것을 맡아보게 하였다. 이것이 즉 형조에 소속되는 옥이다. 전설로 전옥서 지세가 심히 좋은 곳이므로 옥을 두었다 한다.

활인서活人署

두 곳이 있다. 동활인서는 동소문 밖 연희방燕喜坊에 있었는데 지금은 퇴패해서 없어지고, 서활인서는 남대문 밖 용산강에 있다. 도성 안 백성들의 중병을 구활하는 것을 맡았다. 개국 초기에 고려 때 제도에 따라 동서 대비원大悲院을 두었다가 뒤에 동서 활인서로 고쳤다. 성중에서 우두나 시질에 걸리는 자는 모두 나가서 치료받는다.

문헌비고에 보면 「조선 때 열무서閱巫署라는 것이 있었다. 처음으로 설치하고 혁파된 연대는 상고할 수 없으되, 요새 와서 무격巫覡(남녀 무당)이 활인서에 소속되었으니 열무서 혁파할 때에 활인서에 합친 것일까?」

와서瓦署

남부 둔지방屯智坊에 있다. 개국 초기에는 동서요東西窯를 두고 한 사람씩 직直을 두었다가 뒤에 와서로 고치고 기와와 벽돌[磚石]을 만들게 하였다.

상고해보면 우리나라에서 골기와를 수키와라 한다. 중국에서 수키와는 궁궐이나 관청집에만 쓰고 민간에는 쓰지 못하게 되어있다. 그러나 우리나라에서는 공청이나 사가나 모두 수키와를 덮었으므로 중국 사신 동월董越의 조선부朝鮮賦에 보면 「부자들은 모두 수키와를 썼다」는 것이 이것을 두고 한 말이다.

개국 초기에는 와공瓦工 한 사람이 있어서 파란빛 유리와琉璃瓦를 만들었으므로 궁전에 모두 푸른 기와를 덮었는데, 그 와공이 혼자만의 기술로 이익을 독점하려고 그 기술을 전하지 않고 죽어서 지금에 와서는 만들 줄 아는 사람이 없다. 그래서 요새도 공장으로 기술을 비밀히 하는 자를 〈청와공靑瓦工〉이라 한다.

귀후서歸厚署

남부 회현방에 있다. 여지승람에는 「용산방에 있고 분서가 회현방에 있다」 한다. 태종 6년에 처음으로 설치하고 정종 원년에 혁파해서 호조에 합쳤다. 관곽을 만들고 매매도 하며, 예장禮葬(나라에서 도와주는 장례) 등 모든 일을 제공한다.

동월의 조선부에 보면 「왕도에는 귀후서를 설치하여 가난하고 궁한 사람을 구휼한다」 하고 주에 내기를 「설치한 의의는 오로지 백성을 구휼하는 데 있다」한 것이 이것이다.

사학四學

태종 11년에 처음으로 세웠다. 유생들 가르치는 것을 맡았다. 사학에는 모두 문관교수 1인씩 있고, 매월에 시詩·부賦의 제술로 유생들을 시험 보여서 합제合製(성균관 시험)에 붙인다. 중학은 북부 관광방에 있고, 동학은 동부 창선방彰善坊에 있고, 남학은 남부 성명방誠明坊에 있고, 서학은 서부 여경방에 있다. 북학을 창건하기는 사학보다 조금 뒤인데 얼마 되지 않아서 폐지했다가 현종 2년에 다시 북학을 두었다가 곧 혁파하고 지금에는 북학이 없다.

상고해보면 지금의 자수원慈壽院이 즉 개국 초기의 북학 터이다. 현종 2년에 왕이 두 이원尼院을 헐어 버리고 그 재목으로 학궁을 중수하자 하였다. 참찬관 송준길이 주계하기를 「옛날 주자가 일찍이 중의 집을 헐어서 학궁을 짓는 것이 일거양득이라 하였으니 다시 북학을 세우는 것이 좋은 일입니다」 하여 왕이 그러하기로 했다가 흉년으로 이루지 못했다(열조통기列朝通記).

오부五部

개국 초기에 창건하고 방리 백성들의 불법 사실을 다스리며, 교량·도로·반화頒火[10]·금화禁火[11]·이문경수里門警守[12]·가대타량家垈打量[13]과 검사하는 일을 맡았다.

○ 중부는 징청방澄清坊에 있고, 관할하는 8방은 징청·서린瑞麟·수진壽

---

10 일 년에 다섯 번에 걸쳐서 불을 피우던 나무를 바꾸어 불을 붙인 다음, 그 불씨를 나누어주던 일.

11 화재를 방지하고 불을 쓰는 것을 제한함.

12 마을의 치안과 방범

13 집터 측량

進·견평堅平·관인寬仁·경행慶幸·정선貞善·장통長通이다.

◯ 동부는 연화방蓮花坊에 있다. 관할하는 12방은 숭신崇信·연화·서운瑞雲·덕성德成·숭교崇敎·연희燕喜·관덕觀德·천달泉達·흥성興盛·창선彰善·달덕達德·인창仁昌이다. 지봉유설에 보면 「천달방에는 샘물이 좋은 것이 있어서 자고로 장수하는 사람이 많으며, 천달방이라는 이름이 이 까닭이라」 한다.

◯ 남부는 훈도방薰陶坊에 있다. 관할하는 11방은 광통廣通·호현好賢·명례明禮·태평太平·훈도·성명誠明·낙선樂善·정심貞心·명철明哲·성신誠身·예성禮成이다.

◯ 서부는 여경방餘慶坊에 있다. 관할하는 8방은 인달仁達·적선積善·여경·황화皇華·양생養生·신화神化·반송盤松·반석盤石이다. 여지승람에는 「서부가 중부 서린동에 있다」 하였다.

◯ 북부는 안국방安國坊에 있다. 관할하는 10방은 광화廣化·양덕陽德·가회嘉會·안국·관광觀光·진장鎭長·명통明通·준수俊秀·순화順化·의통義通이다.

상고해보면 예종 원년에 오부를 오위五衛로 고치고 중부를 분용위奮勇衛, 동부를 효건위驍健衛, 남부를 충건위忠健衛, 서부를 무소위武昭衛, 북부를 파로위破虜衛라 하였다.

지봉유설에 보면 「오위의 방명은 모두 개국 초기에 정도전이 지었다」 한다.

대전통편大典通編에 보면 「서울 성 안 10리 근처에 장례를 드리는 사람이 있으면, 나라 능묘의 수목을 도벌한 법률에 비추어 논죄하고 파서 옮기게 하는데, 그 한계는 동쪽은 보동善洞에서 수유현水踰峴·우이천牛耳川·상벌리上伐里·하벌리·장위리長位里·송계교松溪橋·중량포中梁浦

까지 시냇물을 한계로 하고, 남은 중량포에서 전관교箭串橋·신촌新村·두모포豆毛浦·용산龍山까지 시냇물과 한강으로 한계하고, 서는 석관현石串峴에서 시위동時威洞·사천도沙川渡·성산城山·망원정望遠亭·마포麻浦까지 시내와 한강으로 한계하고, 북은 대보동大菩洞에서 보현봉普賢峯·저서현猪噬峴·아미산莪眉山·연서구관터延曙舊館基·대조리大棗里·석관현의 서남방에서 합류合流하는 곳까지 산등성이를 한계로 하였다. 또 경성 10리 이내에서 도벌盜伐하는 자는 법에 비추어 죄를 다스린다.」

또 문헌비고에 보면 「조선시대에 사산감역관四山監役官 4명을 두고 도성 사표四標 안에 있는 동·서·남·북의 길을 맡아보게 한다. 음관초사蔭官初仕[14]로 시킨다. 처음 시초한 연대는 상고할 수 없다. 영종 30년에는 사산 참군관參軍官이라 이름을 고쳤다. 무관으로 시키고 훈련도감訓練都監·금위영禁衛營·어영청御營廳·총융청摠戎廳에 예속시켰다.」

장생전長生殿

북부 관광방에 있다. 세종 9년에 처음 설치하였다. 궐내에서 쓸 관곽과 능소에 관계되는 것을 맡았으므로 문 현판을 동원문東園門이라 하였다. 공조에서 주관한다.

명신록名臣錄에 보면 「세종 때 정척鄭陟이 수궁壽宮(즉 관곽)을 미리 만들기를 청하니 그대로 공을 시켜서 황장목黃腸木(중심이 누른 빛깔인 송진이 많은 나무)을 널리 구해서 수기壽器(즉 관곽)를 감독해서 만들게 하여 왕의 장례 치른 절차에 미비함이 없게 하였다」 한다.

---

14 초사(初仕): 진사가 처음으로 벼슬에 나가는 것.

내시부內侍府

북부 준수방俊秀坊, 내의원內醫院의 북편에 있다. 개국 초기에 설치하였다. 환시宦侍(내관 중관)들이 있는 집이다. 대내의 감선監饍(진지 반찬 등의 감시) · 전명傳命 · 수문守門 · 소제하는 소임을 맡았다.

상고해보면 옛날 내시부는 경복궁의 경회루慶會樓 남문의 서편에 있었다. 김종직金宗直의 내반원기內班院記에 보면 「도성을 정하고부터 내시부를 두었으나 우리 성상께서(즉 성종) 내방원內班院이라는 이름으로 고치게 하니, 송나라 시대의 옛 제도를 회복하며 외정外庭의 반열班列과 구분하려는 것이다」 하였다.

훈련도감訓練都監

서부 여경방에 있다. 선조 27년에 처음 세웠고, 임진왜란을 겪은 뒤에 도감을 설치하고 군정을 모집하여 포 쏘는 것, 창 쓰는 것을 교습시키고 군문軍門을 만들었다. 거기에 예속되는 관청으로 북영北營은 창덕궁에 두고 서별영西別營은 마포에 있으며, 양향청糧餉廳은 남부 훈도방薰陶坊에 있으며, 하도감下都監은 남부 명철방明哲坊에 있다.

상고해보면 훈련도감은 임진왜란의 이듬해인 선조 26년에 명나라 장수 낙상지駱尙志가 체찰사 유성룡柳成龍에게 이르기를 「중국 구원병이 돌아가기 전에 절강병浙江兵의 전법戰法을 연습하도록 하면 수년 동안에 모두 정예병이 되어서 왜적을 방어하리라」 하니 서애西厓(유성룡의 호)가 의주에 있는 행재소行在所(왕이 임시로 기거하는 곳)에 파발을 보내서 이 말을 알리고 군정을 모집하여 낙 장군에게 청하여 창 · 칼 · 대창[筤] · 솔[筅] 쓰는 따위의 기술을 배우게 하였다. 왕의 분부로 따로 도감을 두고 훈련하게 하고, 윤두수尹斗壽를 시켜서 그 일을 맡아보게 했다가 곧 유서애로 대신하게 하였다. 훈련도감을 훈국訓局이라고도 하며, 별영은 선조 29년에 용산에 설치하고 훈국 군병의 식료를 공급하게 하였다.

군량창고 다락 이름을 읍청루挹清樓라 하며, 한강 언덕에 있어서 명승名勝으로 일컬었다.

양향청은 선조 26년에 설치하고 개간되지 않은 토지를 절수折受[15] 해서 둔전屯田(군사를 위한 토지)을 만들거나 혹은 적몰한 토지를 군량토지로 결정하여 조세를 받아서 훈국 군병의 의복, 기계, 정기旌旗, 금고金鼓(쟁·북 등과 같은 물건)의 소용과 각색 원역員役 급료로 주는 포布의 값으로 쓴다.

금위영 禁衛營

중부 정선방에 있다. 숙종 8년에 처음 세웠다. 거기에 소속되는 남별영南別營은 남산 밑 남부 낙선방樂善坊에 있는데, 영종 6년에 처음 설치하였다.

남창南倉

남별영 밑 묵사동墨寺洞에 있다.

상고해보면 금위영은 인조 때 연양부원군延陽府院君 이시백李時白이 병조판서가 되어 각번各番의 기병騎兵에서 재주 있고 건장한 자 2초哨를 뽑아서 정초청精抄廳을 설치하였다가 뒤에 3초로 불리고, 현종 9년에 병조판서 홍중보洪重普가 기병 8번을 정초청으로 옮기고, 14년에 다음 병조판서 김만기金萬基가 군정 자보資保(군정의 보保) 중에서 1,100명을 덜어내서 10초로 만들었고, 숙종 8년에는 또 판서 김석주金錫周가 훈국 군총軍摠 중에

15 국가로부터 일종의 토지 소유권 증명서인 입안(立案)을 발급받거나 전조(田租)의 수조권(收租權)을 지급받는 행위

서 중부 별대를 뽑아내어 정초군과 합해서 13번으로 만들고 〈금위영〉이라 칭하였다.

어영청御營廳

동부 연화방에 있다. 인조 2년에 처음 설치하였다. 거기에 소속되는 남소영은 남부 명철방에 있다.

상고해보면 인조 2년에 처음으로 어영사御營使를 설치하고 연평부원군延平府院君 이귀李貴로 어영사를 시키고 날쌔고 건장한 군정들을 모아서 화포火砲를 교습시켰다. 이괄李适의 반란으로 인하여 공산公山[16]까지 어가를 호위하게 되어 두멧골에서 포수하던 사람들을 더 모아서 어영사에 예속시켰다가 서울로 돌아온 뒤에 총융사摠戎使에 소속시키고 어영사는 혁파하였다가 곧 다시 설치하고 이서李曙로 제조提調를 시키고 구인후具仁垕로 대장을 시키고 따로 한 개의 국局을 설치하고 교습만 전문으로 맡아보게 하였다. 효종 3년에 이완李浣이 대장이 되어 처음으로 군영軍營을 두고 군보軍保를 정하였다. 숙종 32년에는 일영오부一營五部의 제도를 정하였다.

또 상고해보면 훈국·금위영·어영청을 삼군문이라 하고 군졸을 분배해서 밤에 도성 안팎을 순찰하게 하였다. 자·오·묘·유일에는 금위영이 맡아서 순찰하고, 인·신·사·해일에는 훈국에서 맡아 순찰하고, 진·술·축·미일에는 어영청이 맡아서 순찰하였다.

용호영龍虎營

북부 양덕방陽德坊에 있다. 영종 30년에 처음 설치하였다. 경우궁景祐

16 지금의 공주

宮을 영건한 뒤에 용호영은 원동苑洞으로 옮겼다. 즉 옛날 마군영馬軍營이다.

상고해보면 용호영은 속대전續大典에 명칭을 금군청禁軍廳이라 하였다. 효종 때 처음으로 금군禁軍을 설치하고 내삼청內三廳이라 이름하고 현종 때는 금군을 단속군團束軍이라 고치고 7번으로 만들고 번마다 장수 한 사람씩 두고 좌우별장은 혁파하고 별장 한 사람만 두었으며, 영종 31년에 〈용호영〉으로 이름을 고치고 병조판서로 의례 그 대장을 겸직하게 하였다.

총융청摠戎廳

북문인 창의문彰義門 밖 탕춘대蕩春臺에 있다. 인조 2년에 처음 설치하였다. 영종 26년에 북부 진장방鎭長坊에서 북부 소속인 경리청經理廳으로 옮겼고, 숙종 38년에 처음 설치했던 것을 영종 23년에 총융청과 합쳤다.

상고해보면 인조 때 완풍군完豊君 이서李曙로 총융사를 시키고, 수원·광주廣州·양주·장단·남양에 오영문을 두고 돌려가면서 조련하는 제도를 정하였다. 총융청을 설치하던 초두에는 사직동 북이영北二營에 영문을 개설하였다가 현종 10년에는 삼청동으로 옮겼다가 영종 23년에 연융대鍊戎臺로 옮기었다. 총융청에 소속되는 평창平倉은 연융대에 있고, 숙종 38년에 처음으로 군량곡식을 평창에 저장하게 하였다. 지돈녕知敦寧 김진규金鎭圭가 「평창에는 당연히 방수防守가 있어야 하니 북문을 둘러막아야 한다」고 청하여 좌우의 익성翼城을 쌓았다.

또 상고해보면 경리청은 문헌비고에 「숙종 37년에 북한산성을 쌓고 경리청을 처음 설치하여 산성사무를 맡아보게 하였으며, 제조·낭청·북한관성장北漢管城將·파총把摠·초관哨官 등 직책이 있었으나, 영종 33년에 혁파하고 총융청에 합쳤고, 영종 26년에 총융사로 경기병마절도사京畿兵馬節

度使를 겸직시켜서 북한산성에 나가서 진수鎭守하도록 하다가 36년에 다시 옛날 제도대로 총융사를 두고 병마절도사의 겸직은 폐지되었으며, 40년에는 또 북한관성장으로 천총千摠을 겸직하게 하였다.」

수어청守禦廳

북부 진장방에 있다. 뒤에 폐지되고 광주廣州 총융청 영문에 합쳤으므로 그 집들은 지금 호조에 소속되었다.

훈련원訓鍊院

남부 명철방明哲坊에 있다. 개국 초기에 처음 설치하고 무과시험과 무재武才의 연습하는 일을 맡았다. 훈련원 곁에 연자루燕子樓가 있는데, 돌로 만든 주추가 굉장히 높다. 무과 보일 때마다 훈련원이 일소一所가 되므로 훈련원 관원이 이 다락에 올라서 화살을 배부하면 무과 보러 온 사람들이 다락 밑에 둘러서서 화살을 받는다.

상고해보면 태종 17년에 훈련관訓鍊觀의 모든 토지를 훈련관에서 관리하고 무사를 양성하게 되었다. 뒤에 원으로 고치고 원 곁에 텃밭이 있어서 배추를 심으면 아주 좋아서 훈련원배추라는 명칭이 있다. 밭 곁에 우물이 있는데 통우물[桶井]이라 하여 물맛이 제일이라 일컫는다. 훈련원의 사청射廳에 성간成侃의 기문이 있다.

좌포청左捕廳

중부 정선방에 있고, 우포청은 중부 서린방에 있다. 모두 조선 중엽에 와서 처음으로 설치하고 도둑을 체포하고 순라巡邏 도는 것을 맡았다. 좌우 포도청에 각각 대장 1인, 종사관 2인, 교속校屬부장 4명과 급료 없는 부장 26명과 가설加設부장 12명이 있다. 그 중에 실부장은 어인御印이 찍힌 병부兵符를 차고 군병 64명이 허리에 붉은 오랏줄을 감추어 가지고 다니다가 도둑을 보면 잡아간다. 또 교외도장군사郊外都章軍士 31명이 있다.

포청의 설치가 어느 때 시작되었는지 알 수 없으나, 유형원柳馨遠의 반계수록磻溪隧錄에 보면 「간사해서 본심을 숨기는 것은 형조에서 해야 할 직책이며, 금오위金烏衛가 정한 직책이 있는 관청이라면 순라 돌고 도둑 잡는 것은 대전大典에도 없는 것이라 하였으니, 소위 포도대장이라 하는 것은 근세에 와서 설치한 것이라」 하였다.

좌순청左巡廳

중부 정선방에 있고 우순청은 중부 징청방에 있다. 모두 개국 초기에 처음 설치하고 밤에 순라 도는 일을 맡았다. 좌순청 · 우순청에 순장이 각 한 명씩 있는데, 문관 · 음관 · 무관의 당상관으로 골라서 주계하여 돌려가면서 임명되며, 패牌를 받는다. 밤에 성 안 순라 하는 데는 좌 · 우순청에 각각 군사 10명씩 있으며, 이 군사를 감독하는 감군監軍은 선전관이나 병조나 도총부都摠府의 당하관 중에 삼망三望(3명 추천에 1명 낙점하는 것)으로 임명되며, 이속吏屬들로 야순패를 관리하는 것은 각각 15명씩이다.

군직청軍職廳

중부 정선방에 있다. 개국 초기에 처음으로 설치하였다. 문관이나 무관 중에서 단지 군함軍啣(무관의 직첩)만 있는 사람들이 있는 관청이다.

위장소衛將所

중부 정선방 돈화문 밖에 있다. 현판에 〈오위남영五衛南營〉이라 하였다.

오위군 제도가 있을 때에 의흥중위義興中衛도 역시 외위外衛라 하였다. 지금은 조사위장曹司衛將이 주관하고 위군이 있어서 붉은 건과 붉은 반팔 옷을 입고, 왕이 친히 활쏘는 시험 보일 때나 채색수레로 왕이 거둥할 때에 의장군儀仗軍이나 전어군傳語軍을 모두 이 위군으로 한다.

장용영壯勇營

동부 연화방에 있다. 정종 11년에 배고개[梨峴]에 있는 별궁으로 장용영을 만들었고, 순조 원년에 장용영을 혁파하고 그 집은 훈국에 소속되어 동별영東別營이라 하였다.

상고해보면 정종 초기에 장용영을 설치하고 군사들의 날씨고 건장한 것이나 영문 집의 굉걸함이 어느 병영보다 뛰어났다. 또 화성華城을 장용 외영이라 하고 유수를 외사外使라 하였다.

문헌비고에 보면 「장용영에 제조 1인은 당상관 중에서 뽑고, 선기장善騎將 2명은 전에 장수를 지낸 사람으로, 선기별장 1명은 전에 아장亞將 지낸 사람으로, 파총 1명은 전에 지방 장수나 방어사 지낸 사람으로, 낭청 1명은 전에 지방 수령守令 지낸 사람으로 임명하고, 초관이 15명인데 그 중 따로 봉급 주는 것이 2명이며, 감관이 4명, 지구관知彀官이 14명, 기패관이 13명, 장용위가 100명, 패장이 6명이고, 급료 주는 무사가 10명이며, 급료 주지 않은 무사가 77명이며, 각 차비差備가 6명이고, 표하군標下軍이 505명이다. 정종 때 처음으로 설치할 때에는 훈국 출신 중에 무예 출신 30명을 갈라내서 따로 한 청을 설치했다가 곧 20명을 증원하고 〈장용영〉이라 이름 짓고 병방·호방·파총·초관 등의 직함을 두었다.」

능마아청能麼兒廳

중부 정선방에 있다. 인조 때 처음으로 설치하였다. 마아麻兒란 것은 나무로 만들고 쌍륙雙六보다 크다. 말 위에 각 색으로 만든 종이 기旗를 꼽고 병학지남서兵學指南書 가운데 있는 각 진도各陳圖를 벌려서 만들 수 있는 이 기술을 할 수 있는 것을 말한다. 지금은 낭청 2명을 두고 병조에 소속되었다.

그런데 국조보감에는 「효종 6년에 능마아청을 설치하고 무관 신하 20여 명을 골라서 달마다 진법을 시험해 보고 잘못하는 사람은 벼슬을 갈아낸다」 하였다.

또 문헌비고에 보면 「인조 때 병조판서 이귀李貴가 능마아청을 설치하기를 주청하여 모든 장관의 병서강의와 지식을 익히게 했다」고 하였으니, 능마아청 설치는 효종 때 처음으로 설치된 것일 것이다.

전함사典艦司

중부 징청방에 있다. 외사外司는 서강西江에 있다. 세조 11년에 처음으로 설치하였다.

서울과 지방의 배와 군함을 관할한다. 그 소속으로 경기 좌우도의 수참水站이 있다. 남곤南袞의 기문이 있다. 지금은 폐지되고 공조에 소속되었다.

문헌비고에 보면 「태조 원년에 사수감司水監을 설치하고 관원 16인이 있었으며, 뒤에 〈전함사〉로 고치고 관원 7명이 있었다가 뒤에 폐지되고 공조에 소속되었으며, 판관判官은 호조에 나누어서 예속되었다」 했다.

열조통기列朝通記에 보면 「세조 11년에 처음으로 병조선兵漕船을 두고 신숙주로 전함사 제조를 시키고 중국의 배 제도와 일본·유구琉球 등 배 제도를 두루 보고 절충해서 대선·중선·소선의 세 종류를 나누어 만들어서 사용하는데 좋도록 하였다. 그리고 대선은 배 위에 방패 같은 것을 설치하여 전쟁할 때에 쓸 수 있게 하며 이것을 없이 하면 조운漕運(세미 같은 것을 운반하는 데 쓰는 것)에 쓸 수 있도록 하여 배 하나로 두 가지에 쓸 수 있다고 해서 배 이름을 병조선兵漕船이라 하며, 체제가 일정하지 않아서 수면의 깊고 얕은 데 가는 것과 배의 넓고 좁은 것에 따라 여러 포구浦口로 보내게 되니 만든 바가 똑같게 할 수 없다. 여러 조선들을 양화도楊花渡에 모이게 하여, 신숙주가 좌우대로 나누어서 수전水戰하는 연습을 하게 해서 배가 다니는 형편을 보기로 왕에게 청하여 세조가 친히 나와서보고 크게 기뻐하고 입었던 어의御衣를 벗어 신숙주에게 하사하였다.」

전연사典涓司

궁궐 안에 물길을 수축하는 소임을 맡았다가 뒤에 폐지하고 선공감繕工監과 합쳤다. 그러므로 원래의 제조는 선공제조였다.

문헌비고에 보면 「경복궁 제거사提擧司는 태조 3년에 설치하고 궐내의 소제와 궁성문 열쇠 등을 맡아보게 하고, 제공提控 · 사직司直 · 사연司涓 등 직함이 있었다. 뒤에 혁파된 연대는 자세하게 알 수 없다」 하였다.

대전통편에는 「지금은 폐지되고 녹사錄事의 체아직遞兒職(실무는 없고 녹봉을 주기 위한 관직)을 두었다」 하였고, 또 문헌비고에는 「태조 원년에 고려 때 제도에 따라 가각고架閣庫를 설치하고 도적圖籍(그림 등으로 만든 문서) 등을 수습해서 보관하는 일을 맡기고, 사使 · 부사 · 승丞 · 주부主簿 · 녹사 등 직함을 두었다가 뒤에 폐지되었다」 하였으나, 연대는 모두 자세하지 않다.

역원驛院

노원역盧原驛

홍인문 밖 4리 지점에 있고, 청파역靑坡驛은 숭례문 밖 3리 지점에 있다. 이 두 역은 모두 병조에 직속되어 있다.

보제원普濟院

홍인문 밖 3리 지점에 있고 다락이 있다. 기로耆老(나이 많은 노인)들이 전부터 이 다락에 모여서 술을 마시고 놀이를 하였다. 조말생趙末生의 서序가 있다.

홍제원洪濟院

사현沙峴 북편에 있다. 중국에서 오는 사신들의 옷을 갈아입히는 곳이다.

이태원梨泰院

목멱산木覓山 남쪽에 있다.

전관원箭串院

살꽂이다리 서북편에 있다. 보통 〈살꽂이원〉이라 한다.

여지승람을 상고해보면「역과 원은 이렇게 기재되어 있다. 노원역과 청파역이 병조에 직속되기는 지금도 마찬가지이나, 보제원 등의 폐지된 것은 언제부터인지 알 수 없이 원 집은 하나도 없고 그 이름만 전할 뿐이다.」

교량橋梁

서울 성 안 남쪽과 북쪽 산골에 여러 갈래의 시냇물이 있어서 크고 작은 다리들의 명칭이 심히 많으므로 여기에 물갈래를 먼저 지목해서 다리 이름을 알리면 보는 사람들이 알기 쉬울까 한다.

○ 인왕산 밑에 있는 백운동白雲洞의 시냇물은 동남 방향으로 흘러내린다. 옛날 이원尼院 자수궁이 있던 자수궁 다리와 창의궁이 있던 금청교禁淸橋·서부 적선방에 있는 송첨교松簷橋·송기교松杞橋를 지나서 다시 동쪽으로 흘러서 중부 서린방에 있는 모전교毛廛橋를 지나고, 종루 거리에 있는 돌난간으로 만든 제일 큰 광통교廣通橋와 중부 장통방에 있는 장통교長通橋(혹은 장창교長倉橋라 함)와 수표교水標橋[1]를 지나고, 또 갈래는 장통방에 있으며 옛날 하량위河良尉(문헌미상)가 여기에 있었다고 해서 보통 하량교라 한다. 또 신교新橋를 지나서 낙선방에 있는 영풍교永豊橋를 지난다. 혹은 효경교孝經橋라고도 한다. 태평교太平橋는 남부 명철방에 있으며, 요새는 마전교馬廛橋라 한다. 합쳐서 동대문 옆 성 밑에 있는 오간수문五間水門 밖 영도교永渡橋로 합쳐서 또 동쪽으로

---

1 장통교 서편에 표석을 세우고 치수와 척수를 새겨 물 깊이를 표시하고 경진수평(庚辰水平)이라는 넉 자를 새겼다. 이 표석은 지금은 없어지고 다시 새 표석을 세웠지만 그것도 청계천 복개공사 때 없어졌다.

지금 〈살꽂이다리〉라고 하는 제반교濟盤橋를 지나서 송파강松坡江으로 들어간다.

◯ 백악白嶽 밑 삼청동 개울물은 북창교北倉橋에서 남쪽 방향으로 흘러내려 장원서掌苑署 다리와 장생전長生殿 다리를 지나고 또 십자각十字閣 다리와 경복궁 앞길에 있는 혜정교惠政橋를 지나서 서린방에 있는 모전교와 합친다. 여지승람에 보면 「옛날 앙부일구仰釜日晷가 그 동편에 있었고, 국법에 탐장貪贓(탐욕이 있어 남의 것을 잘라먹는 것)한 사람을 이 다리에서 팽형烹形(사람을 가마에 물을 끓여 걸상 위에 앉히고 삶는 시늉를 하는 것)을 했다」 한다.

◯ 북산北山 밑 북영北營의 개울물은 창덕궁 금호문 안에 있는 금천교禁川橋를 지나고, 또 돈화문 밖에 있는 파자교把子橋를 지나서 수표교 물과 합치며, 또 원골[院洞]·계생동桂生洞 여러 개울물은 대사동구大寺洞口에 있는 지금 철물교鐵物橋라 하는 통운교通雲橋를 지나서 낙선방에 있는 영풍교와 합친다.

◯ 창경궁 후원에 있는 옥류천玉溜泉 물은 홍화문弘化門 안에 있는 옥천교玉川橋를 지나고 또 동부 연화방에 있는 속칭 황참의 다리라 하는 황교黃橋를 지나고 홍인문 안에 있는 이교二橋를 지나서 남부 명철방에 있는 태평교와 합친다.

◯ 성균관 부근의 흥덕동興德洞의 여러 개울물은 성균관 동편에 있는 향교香橋를 지나고, 또 어의동於義洞에 있는 장경교長慶橋를 지나고, 또 홍인문 안에 있는 첫다리[初橋]를 지나서 홍인문 남쪽에 있는 오간수문과 합친다. 성균관의 여러 개울물은 관기교觀旗橋·광례교廣禮橋를 지나고, 흥덕동의 개울물은 토교土橋를 지나서 두 개울이 합수되어 장경교·신석교新石橋·초교를 지나서 오간수문으로 합친다.

○ 남산 밑 창동倉洞 시냇물은 북쪽 방향으로 흘러서 남부 양생방養生坊에 있는 수각교水閣橋와 전도감교錢都監橋를 지나고 다시 종루거리 대광통교 남쪽에 있는 소광통교와 남부 태평방에 있는 곡교曲橋를 지나서 장통방에 있는 장통교와 합친다.

수각교 있는 양생방에는 옛날 수각이 있는 듯하나, 지금은 없고 이 수각교가 숭례문 안 큰 길의 요지가 되며, 전도감 다리는 군기시軍器寺 다리 냇물과 합해서 동쪽으로 내려간다.

○ 남산골의 시냇물은 북쪽 방향으로 흘러서 명례방明禮坊을 지나고 또 남부 태평방에 있는 구리개 다리[銅峴橋]를 지나서 장통방에 있는 장통교와 합류한다.

○ 남산 밑 주자동鑄字洞의 시냇물은 북쪽 방향으로 흘러서 주자교를 지나서 장통방에 있는 하랑교와 합친다.

○ 필동筆洞 시냇물은 남부 성명방에 있는 필동교筆洞橋를 지나서 생민동生民洞의 시냇물과 합쳐서 낙선방에 있는 영풍교와 합친다.

○ 묵사동墨寺洞 시냇물은 북쪽 방향으로 흘러 남부 명철방에 있는 무침교無沈橋와 청녕교靑寧橋를 지나고 흥인문 안에 있는 이교와 합친다. 청녕교는 남부 명철방에 있는데 옛날에 청녕위靑寧尉(성종의 옹주부마 한경심韓景深가 여기에 살았으므로 다리 이름을 지었다 한다.

○ 쌍리동雙里洞 개울물은 북쪽으로 흘러서 명철방에 있는 청교靑橋를 지나 태평교에 합친다.

○ 남소동南小洞 개울물은 동남향으로 흘러서 동성東城의 이간수문二間水門과 서교西郊의 무악천毋嶽川으로 나가 서부 반송방盤松坊에 있는 석교石橋를 지나고 돈의문敦義門 밖 경기 감영 앞에 있는 경고교京庫橋, 소의문昭義門 밖에 있는 새다리[新橋] · 비교圮橋와 숭례문 밖에 있는

염초청 다리[焰硝廳橋]를 지나고 또 청파靑坡에 있는 배다리[舟橋]를 지나서 용산강으로 들어간다.

◯ 종침교琮沈橋는 사직동에 있다. 전래한 말이 성종 때 허종許琮·허침許琛이 연산의 생모 윤씨를 폐비할 논의에 참여하지 않기 위하여 거짓으로 이 다리에서 말 위에서 떨어져 낙상했다고 핑계하고 그 논의에 참례하지 않아서 뒷날 화를 면하게 되었으므로 〈종침교〉라 한다고 한다. 지금 또 북촌 재동 동구 앞 길 밑에 침교沈橋가 있다. 흐르는 물소리만 들리고 다리는 보이지 않는다.

서울의 풍속을 상고해보면 매년 정월 대보름 날 밤에 다리[橋]를 밟고 달구경을 하면 다리병[脚病]을 없게 한다고 한다. 이것은 중국 연경燕京의 풍속으로 다리를 달리는 것이다. 이 사적은 중국 혁정奕正이 지은 제경경물략帝京景物畧에 있다. 그런데 우리 조선에서는 다리 밟는 풍속이 중종 말기부터 시작되었다. 어숙권魚叔權의 패관잡기稗官雜記에 보면 「중종 말년부터 도성 안 사람들이 서로 말하기를 "정월대보름 저녁에 열 두 다리를 지나다니면 그 해 열 두 달 재수를 좋게 한다." 했다. 그래서 양반집 부녀들은 가마를 타고, 그 이하는 전의로 머리를 가리고 도보로 다니며, 여염 처녀들은 서로 짝을 지어서 어두운데 다리밟기를 앞을 다투었다. 무뢰無賴한 사내들은 떼를 지어서 여자들을 따라다녀서 추잡한 일이 생기기도 했다. 그러므로 명종 때에는 사헌부 관원들이 잡아서 죄를 다스리고부터 부녀들의 다리 밟는 풍속이 점점 없어졌으나, 그래도 남자들은 떼를 지어 다리를 밟는다」 하였다.

또 지금의 살꽂이다리는 즉 제반교濟盤橋이다. 용재총화慵齋叢話에 보면 「중이 있어서 이 제반교를 이루는데 만 석 곡식을 소비해서 성종이 〈제반교〉란 이름을 지었다. 또 동대문 밖 왕십리 들 가운데 큰 다리를 이루고 영도교永渡橋라 이름 지은 것이 모두 어필로 쓴 것이라」 하였다.

살꽂이 시냇물에서는 생선이 많이 생산되므로 이육李陸이 지은 청파극담青坡劇談에 보면 「문순공 권홍權弘이 일찍이 꿈 가운데 어떤 노옹老翁이 앞에 엎드려 울면서 하소연하기를 "홍재상이 내 집을 섬멸殲滅하려 하오니 상공께서 구활해 주소서" 하기에 권홍이 묻기를 "내가 어떻게 구원할 수 있는가?" 하니, 노옹의 말이 "홍재상이 필시 상공과 함께 동행 하려 할 터이오니 상공께서 거절하시면 홍공께서도 역시 가지 않을 터이오니 이것이 재생해 주시는 혜택이오이다." 하였다. 막 이럴 즈음에 문을 두드리는 소리가 있어서 놀라 깨서 물은즉 홍영감이 오늘에 살꽂이에 가서 자라 잡이를 하는데 상공과 함께 가자고 왔다 한다. 권상공의 생각에 방금 꿈에 보인 노옹이 즉 자라인 줄 짐작하고 몸이 고단하다는 핑계로 사절하였다. 뒤에 들으니 홍영감도 역시 가지 않았다 하니, 아! 이상한 일이라」 하였다.

서울 거지떼의 움집이 종루거리 대광통교와 중부 낙선방에 있는 효경교 밑에 있었다. 매년 선달 추울 때에는 왕이 선전관을 내어 보내서 보살피고 호조에 분부하여 쌀과 포布를 주어서 움집을 단속하여 얼거나 굶어죽는 일이 없도록 하였으니, 조가朝家(즉 왕과 왕가)의 은택을 널리 베푸는 것이 겨울 지낸 뒤의 양춘陽春이라 할 수 있다.

또 경도잡지京都雜誌(저자 부친 유득공이 지었음)에 보면 매년 정월 보름 전 2·3일은 수표교를 중심으로 청계천 아래 위에 연날리기를 구경하는 사람이 쭉 늘어섰다. 연 날리는 아이들은 감긴 실이 풀리기를 기다리고 실이 끊어져서 날아가는 연을 따라서 담을 넘고 지붕에 올라가서 사람들이 염려를 한다. 보름을 지낸 뒤에는 다시는 연날리기를 하지 않는다. 어린아이는 명주실에 거위의 보드라운 털을 매어 바람 부는 방향으로 날리면서 〈고고매高高妹〉라고 부른다. 몽고말로 〈봉황〉이라는 뜻이다.

고적古蹟

장한성長漢城

한강 상류에 있다.

여지승람에 보면 「신라시대에 중요한 진鎭을 두었더니 뒤에 고구려에서 점령한바 되어 신라에서 군사를 일으켜 회복하고 장한성 노래를 지어서 그 공적을 기념했다」 한다.

대성락영大星落營

여지승람에 보면 「용삭龍朔 원년(신라 문무왕 1년) 봄에 고구려와 말갈이 이르기를 "신라의 정예병은 모두 백제에 가서 있으니 이때 속이 비어 있을 때를 타서 쳐 볼만하다." 하고 군사를 내서 북한산성을 포위하고 고구려는 그 서편에 진영을 설치하고 말갈은 그 동편에 둔치했는데 갑자기 큰 별이 적병의 영문에 떨어지고 또 비와 우레가 떨치니 적병이 의심하고 포위한 것을 풀어서 돌아갔다」 한다.

신혈사神穴寺

삼각산에 있다.

여지승람에 보면 「고려 현종顯宗이 머리를 깎고 이 절에 숨어 있으니 천추태후千秋太后가 여러 번 사람을 보내 모해하려 했다. 이 절에 늙은 승이 있어서 땅에 구멍을 파고 숨겨주었다. 그래서 절 이름을 〈신혈사〉라 하였다.」

하루는 현종이 우연히 시냇물을 글제로 시를 지었다.

「백운봉 흘러내린 한 줄기 물이 만 리 바닷길 훤히 트이고야, 게 춤 같은 물이 바위 밑에 있다고 웃지 마라, 멀지 않아서 용궁에 이를 것을[一朝流出白雲峰, 萬里滄溟路自通, 莫道潺湲岩下在, 不多時日到龍宮].」

면악面嶽

여지승람에 보면 「고려 숙종 9년에 최사추崔思諏 · 윤관尹瓘 등이 남경南京(지금의 서울)의 지세를 살펴보고 돌아가서 왕에게 아뢰기를 "신들이 노원역盧原驛과 해촌海村 · 용산龍山 같은 곳에 가서 산세 · 수세를 자세히 살펴보았으되, 도성을 건설하기에는 적당하지 않고 오직 삼각산 면악의 남쪽에 산수의 국세가 옛날 문서와 부합하오니 그 주룡의 중심지 임좌병향壬座丙向에 형편에 따라 도성을 세우고 그 지세를 따라 동쪽에는 대봉大峰, 남쪽에는 사리沙里, 서쪽에는 기봉岐峯, 북쪽으로는 면악까지 도성의 경계를 삼으소서." 하였다」 한다.

흥인사 옛터興仁寺舊址

홍인문 안에 있다.

조야집요朝野輯要에 보면 홍인문에 홍인사를 창건하고 사리각舍利閣은 높기가 5층이나 된다. 이것은 태조께서 신덕왕후를 장례지내고 설치한 것이다. 연산 때 폐지하고 사복시를 삼았다.

추흥정 옛터秋興亭舊址

용산강가에 있다.

여지승람에 보면 「이숭인李崇仁의 추흥정 기문이 있다」 한다.

담담정淡淡亭

옛터는 삼개 북쪽 기슭에 있다. 영의정 신숙주의 별장이다.

열조통기를 상고해보면 「세종의 3남 안평대군安平大君 용瑢의 자는 청지淸之이며, 남쪽 호수 위에 담담정을 짓고 만 권의 서적을 쌓아두고 문사文士들을 모아서 혹 밤새도록 등불을 밝히고 담호를 하며, 혹은 배를 타고 달밤에 놀이를 했다」 한다.

쌍계재雙溪齋

여지승람에 보면 「옛터는 성균관 반수泮水의 동편에 있는데, 참판 김인金紉의 옛 집이며, 강희맹姜希孟의 쌍계재 부賦가 있다」 한다.

정릉의 옛터貞陵舊址

지금 서부 황화방皇華坊에 있다. 그러므로 그 동리를 정동貞洞이라 한다. 정릉은 태조의 계비 신덕왕후 강씨康氏의 능이다. 태조 6년에 신덕왕후를 여기에 안장하였다가 태종 9년에 양주楊州로 옮겼다. 지금의 정릉貞陵이다.

원각사 옛터圓覺寺舊址

중부 경행방慶幸坊에 있다. 지금 단지 석탑과 괴애乖崖 김수온金守溫의 비명碑銘만 있다.

상고해보면 이 절은 옛 이름이 홍복사興福寺였다. 태조 때에 불교 조계종曹溪宗의 본사本社가 되었다가 뒤에 공청이 되었던 것을 세조 10년에 다시 절을 건축하였다. 〈원각사〉라는 현판은 강희맹의 글씨였다. 사가 서거정이 지은 필원잡기筆苑雜記에 보면 「문안공文安公 성임진成任眞이 원각사비 글씨를 써서 세조가 잘 썼다고 칭찬하였다」 했고, 또 태평한화太平閑話에 보면 「세조 때 김수온에게 분부하여 비명을 짓게 하고 빗돌을 바친 사람에게는 서령署令이나 통찬通贊 같은 벼슬을 주게 하였다. 어떤 최씨崔氏가 돌을 바치고 통찬 직함을 받아서 남들이 석통찬石通贊이라 조롱하였다. 이 최씨가 김씨와 약혼하였는데, 김씨가 중매에게 말하기를 "최씨 집에 큰 흠절이 있다." 하니, 최씨가 듣고 대노하였다. 김씨가 말하기를 "자네가 성명을 고쳐서 논의들이 분분하다." 하니, 최씨가 크게 웃은 일이 있다」 한다.

중종 7년에 원각사를 폐지하고 그 재목을 연산 때에 집이 헐린 사람에게 나누어 주도록 하였다.

그 석탑은 대개 8면으로 높이가 70길이나 되며, 14층이고 탑 위에 새긴 불상은 기술이 정밀하며 돌 처마 밑에는 층마다 작은 돌 현판이 있고 해서楷書로 다보회多寶會니 영산회靈山會니 하는 등의 글자가 새겨져 있고 탑 기둥 네모에는 모두 용의 무늬를 새겼다. 세상에서 전하기를 고려 때에 원나라 공주가 중국 기술자를 시켜서 탑을 만들었다 한다.

선조 25년 임진왜란 때에 왜놈들이 쇠갈고리로 탑 상층을 걸어서 떨어지게 하여 지금까지도 땅 위에 떨어져 있다. 자세히 그 탑 상층에 새긴 그림을 보면 완연하게 쇠갈고리로 탑을 걸어 당기는 모양이 있어서 사람들이 말하기를 "미리 알고 그린 그림이 이러하다." 하니 심히 이상한 일이다. 석비에는 귀부龜趺가 있는데 지금은 여염집 뒤뜰에 들어가 있으므로 그 집 주인에게 부탁해서 인도해 드리나, 나올 때에는 꼭 비를 구경한 사람으로 하여금 거북의 콧구멍에 담배를 바치게 하고, 비록 거북이 영험하다 하나 실상은 그 담배를 피우려 한 것이다.

또 상고해보면 「이 탑이 당위唐尉 지경덕遲敬德이 장수를 거느리고 고려를 정벌할 때에 세운 것이라」 하며, 혹은 신선 정영위丁零威가 학을 타고 돌아올 때에 노래 지은 화표주華表柱(기념하는 표석 따위)라 한다. 이 두 가지 말은 믿은 수 없으나, 고려 때 원나라 공주가 중국 기술자를 시켜서 만든 탑이라 한 것이 사실인 듯하다.

신숙주가 지은 제국기諸國記에 보면 「세조 12년에 일본이 사신을 보내와서 상원사上院寺에 관음이 본체를 나타내고 원각사에 꽃비와 사리舍利의 기이한 일을 하례하였다」 한다.

또 여지승람에 보면 「흥천사興天寺는 황화방에 있으며, 정릉이 있을 때에 그 동편에 절을 세웠는데, 이것이 선종禪宗이라」 하였다.

국조보감國朝寶鑑에 보면 중종 5년에 중학中學 유생들이 이단을 배척한다고 제창하고 정릉사의 성중에 있는 것을 불사르니 중종이 처음에는 국문에서 치죄하라고 분부하였다가 금방 하교하기를 「조종조祖宗朝부터 유생들을 우대하였으니 그만 문죄하지 말라」 하였다.

또 여지승람에 「흥덕사興德寺는 동부 연희방燕喜坊에 있었는데, 이것이 교종敎宗이 되고 내불당內佛堂은 인왕산에 있으며, 인왕사仁王寺도 인왕산에 있고, 금강굴金剛窟은 인왕사의 서편에 있으며, 복세암福世菴도 인왕산에 있는데 세조 때 창건하였고, 장의사藏義寺는 창의문彰義門 밖에 있다. 신라가 백제와 황산벌에서 싸울 때에 장춘랑長春郎·파랑罷郎이 진중에서 전사하니 태종무열왕이 이 두 사람을 위해서 이 절을 세웠다」 한다. 연굴演窟은 소격동昭格洞에 있다.

상고해보면 이상의 사찰은 지금 와서는 모두 없으며, 우리 조선에서는 불교를 숭상하지 않으므로 성 안 사찰집들이 모두 퇴패하였으며, 또 금령禁令이 있으므로 승도들이 감히 도성 안에는 들어오지 못한다.

백운동白雲洞

인왕산 기슭에 있다. 중추부사中樞府事 이염재李念載의 옛날 살던 터이다. 김수온金守溫·강희맹姜希孟·김종직金宗直의 시가 있다.

대은암大隱岩

만리뢰萬里瀨는 모두 백악산 기슭에 있다. 즉 영의정 남곤의 집 뒤이다. 읍취헌挹翠軒 박은朴誾이 이름을 짓고 시를 지었다.

청학동靑鶴洞

목멱산에 있다. 옛날 이행李荇의 서재가 있었다. 명나라 당고唐皐가 이행의 서재에 지은 시가 있고, 또 명나라 사도史道의 시도 있다.

백운동 이하의 여러 곳은 여지승람에는 모두 산천山川 부문에 기재되어 있되, 지금에는 고적편에 옮겨 붙였다.

침류당枕流堂

여지승람에 보면 「한강 북편 기슭에 있고 경력經歷 이사준李師準의 별장이라」 하였다. 지금은 없어졌다.

동악시단東岳詩壇

남산 밑 묵동墨洞에 있다. 옛날 동악 이안눌李安訥이 집 후원 기슭에 단壇을 쌓고 여러 문사文士들과 시부詩賦의 글짓기를 자주 하였다. 여태껏 그 터전을 사람들이 〈동악시단〉이라 일러왔다. 이 단 옆에 홑술[單瓣]의 붉은 매화나무가 있다. 중국에서 가져온 것이다.

산천山川

삼각산三角山

여지승람에 보면 「양주楊州의 경계에 있고 혹은 화산華山이라 하며, 신라 때에는 부아악負兒嶽이라 하였다. 평강平康의 분수령에서 봉우리가 잇대고 겹겹 등성이가 높았다 낮았다가 꾸불꾸불 서쪽으로 양주에 와서 서남쪽으로 도봉이 되고, 또 삼각산이 되어 실로 서울의 진산鎭山이 되었다. 고구려 때 동명왕의 아들 비류·온조가 남쪽 길을 가다가 한산漢山에 이르러 부아악에 올라서 살 만한 곳을 물색하였다는 것이 즉 이 산이다.」

상고해보면 고려 때에 삼각산이 여러 번 무너져 암석만이 깎이어서 빼어났다. 삼각산의 세 봉우리가 각각 따로 이름이 있는데, 그 중 백운대白雲臺는 제일 높아서 오르기 어렵고, 하나는 국망봉國望峰이고 하나는 인수봉仁壽峰이다. 내가 젊을 때에 이 산 밑에 있는 암자에서 글공부하다가 시를 지었다.

「깎은 듯한 세 봉우리 반공에 솟아, 서울을 둘러싸고 서기瑞氣가 어린 듯, 시냇가 민가에는 불을 켜려 하는데, 백운대 야지랑 볕은 아직도 밝고야[三峰石黛秀崔嵬, 引逸京城佳氣來, 澗戶沈沈燈欲上, 夕陽德在白雲臺]」라 하였다. 대개 지극히 높다는 것을 표현한 것이다.

백악白嶽

도성 북쪽에 있다. 평지에 솟아있다. 경복궁景福宮이 그 밑에 있고 서울을 둘러싼 여러 산 가운데 이 산이 정북을 가로막았다. 개국 초기에 궁궐을 짓고 이 산을 진산으로 한 것이 잘되었다.

인왕산仁王山

백악산 서쪽에 있다. 도성을 산꼭대기 깎아지른 듯한 곳에 쌓은 것을 곡성曲城이라 이른다.

타락산駝駱山

도성 동편에 있다. 평평하고 구부러져서 높은 봉우리는 없다. 그런데 그 산 밑에 사는 인가들을 동촌東村이라 한다.

무악毋嶽

도성 서편에 있다. 또 다른 이름은 안현鞍峴이라 한다. 봉수烽燧가 있다. 동봉수는 서쪽으로 고양군 솟달산[所叱達山] 봉수에 응하고, 남쪽으로 목멱산 제3봉수에 응하며, 서봉수는 서쪽으로 고양군의 봉현蜂峴에 응하고, 남쪽으로 목멱산 제4봉에 응한다.

상고해보면 안현은 인조 2년 갑자년 이괄李适의 난 때에 금남군錦南君 정충신鄭忠信이 이괄과 싸워서 이긴 곳이다. 저녁 봉화가 일찍 켜지면 남산 봉수에서 이대로 켠다.

또 지봉유설을 보면 「세상에 전하는 말로 한성 서울의 부아악은 밖으로 나가는 형국이므로 이 산을 무악이라 이름 짓고, 이 산 남쪽을 벌아령伐兒嶺이라 이름한 것은 나가는 것을 가로질러 막고 나가지 못하게 함이라」

하였다. 그 서편을 병시현餠市(떡 판다는 뜻)이라 한 것은 대개 떡을 주어 달래서 가지 말게 한다는 것이다. 이러한 이름이 모두 깊은 뜻이 있으며, 동구洞口를 병문餠門이라 하는 것도 역시 이런 뜻이다.

모래재 [沙峴]

모화관慕華館[1] 서북편에 있다.

중국 사신 동월이 지은 조선부에 「여기에는 천 길의 험한 산세를 이루었으니 어찌 천 명 군사만을 이기랴. 서쪽으로 하나의 관문 길을 바라보니 겨우 말 한 필만 지날 수 있다」 하였고, 그 주석에 보면 「홍제동에서 동쪽으로 가다가 5리도 못 되어 천작으로 만든 관문 하나가 북으로 삼각산을 잇대고 남으로 남산과 연결되어 그 가운데로 말 한 필만 통할 만하여 험준하기는 더할 수 없다」 하였다.

이 재는 양쪽 산 가운데 있고 심히 험준해서 의주로 가는 사람은 이 재를 넘지 않을 수 없으므로 중국 사람이 보고 일컬은 것이 이러하였다.

녹반현綠礬峴

모래재 북쪽에 있다. 이 재의 석벽에서 자연동自然銅이 산출된다. 채굴하는 자들이 쇠정으로 석벽을 파헤치면 돌 사이에 은싸라기 같은 물건이 나와서 파란 빛의 광채가 난다. 병든 사람들이 먹으면 신기하게 효험을 본다. 그것을 먹는 방법은 미음으로 그 부스러기를 날로 먹으며 먹을 때에 꼭 그 병이 낫기를 속으로 기도하면 효험을 본다 한다. 이 약은 원래 절골折骨에만 좋은 것인데, 지금은 다른 병에도 좋으니 역시 이상한 일이다.

---

1 지금의 독립문 자리

목멱산木覓山

즉 도성 남산이다. 원 이름은 인경산引慶山인데 보통 남산이라 한다. 마치 달리는 말이 안장을 벗은 형국이다. 산꼭대기에 봉수를 두고 동쪽과 서도까지 다섯 홰[炬]를 켠다. 동쪽의 제1은 함경도와 강원도에서 오는 것을 양주 아차산峩嵯山 봉수에서 신호하고, 제2는 경상도에서 광주廣州의 천림산天臨山 봉수를 따르고, 제3은 평안도 육로陸路로 와서 무악의 동편 봉수에 따르고, 제4는 평안도·황해도에서 해로로 와서 무악의 서편 봉수에 따르고, 제5는 충청도·전라도에서 양천陽川 개화산開花山 봉수에 따른다. 남산의 서편 등성이에 바윗돌이 깎아지른 듯한 것을 잠두蠶頭라 해서 올라서 조망하기에 제일 좋은 곳이다.

남산 기슭 주자동 막바지에 평평한 잔디밭이 있다. 즉 병영兵營 군사들의 무술을 연습하는 곳으로 예장藝場이라 한다. 보통 왜장倭場이라 하는 것은 예를 왜와 혼동한 것으로 잘못된 것이다.

또 상고해보면 남산 밑 세거리 동구에 있는 돌에 소호천小壺天이라 새긴 것은 이 고을이 깊기를 병 속과 같고 또 약수가 있어서 성 안 사람들이 놀러 많이 간다.

경도잡지京都雜志에 보면 「성 안 젊은이들이 단오절에 남산 기슭에 모여서 각력角力(씨름)을 한다. 그 법은 상대자가 서로 꿇어앉아서 각각 바른손으로 상대편의 허리를 잡아당기고 왼쪽 손으로 상대편의 바른편 다리를 잡고 한꺼번에 일어서서 서로 들어 치는데 내구內句와 외구라는 것이 있어서 돌려가면서 편으로 한다. 중국 사람들이 이것을 본보고 전하는 것을 고려기高麗技라 하고 또 요교撓跤라고도 한다.」

설마현雪馬峴

두 곳이 있다. 하나는 목멱산 남쪽에 있는데 〈큰 설마〉라 하고, 남산 동쪽에 있는 것은 〈작은 설마〉라 한다.

가산假山

도성의 수구水口 안 훈련원 동북쪽에 있다. 하나는 수구의 남쪽에 있고 하나는 북쪽에 있는데, 흙을 쌓아서 산을 만들어 서울 지기의 수구가 허한 것을 막았다.

잠두봉蠶頭峰

보통 갈머리[加乙頭]라 하고 또는 용두봉龍頭峰이라고도 한다. 명나라 일통지一統志에 용산龍山이라 일컫고 양화도楊花渡 동편 언덕에 있다는 것이 이것이다. 명나라 사신 장근張瑾·형순邢順의 시와 우리나라 사숙재私淑齋 강희맹姜希孟, 사가 서거정, 점필재佔畢齋 김종직金宗直, 읍취헌挹翠軒 박은朴誾, 지정止亭 남곤南袞의 여러 시가 있다.

와우산臥牛山

서강에 있다. 형국이 누운 소와 같아서 이름한 것이다. 지금의 광흥창廣興倉이 그 앞에 있다.

살꽂이벌 [箭串坪]

여지승람에 보면 「즉 서울 도성의 동교東郊로 지세가 평평하고 수초水草가 무성하다. 둘레의 울타리를 돌리고 국마國馬를 목축한다. 넓이가 빙 돌아 34리나 된다.」

상고해보면 「개국 초기에 여기에 말을 목축하고 처음에는 나무 울타리를 했다가 뒤에 돌 울타리를 했다」 하였고, 이제신李濟臣이 지은 청강쇄어淸江瑣語에 보면 「살꽂이 목책木柵을 경기도 각 고을에 돌려가면서 배정하여 민간 조세 중으로 부담하게 하되, 해마다 수리해서 폐해가 적지 않던 것을 성안공成安公 상진尙震이 사복제조司僕提調가 되어 포布를 주고 역군을 모집하여 돌로 고쳐쌓고 시냇물로 쌓을 수 없는 곳에는 철색鐵索으로 문을 만들어서 여닫게 하여 그 폐해가 없어지게 되었다. 그 연조는 즉 명종 10년이라」 하였다. 정종 때에 배봉진 별장拜峰鎭別將을 여기에 두었다가 순조 초기에 장용영壯勇營을 혁파하고 뒤에 곧 또 배봉진도 폐지하고 다시 목장을 두게 하고 배봉 감목관監牧官을 두었다 한다. 그 돌 울타리는 지금도 그대로 있다.

개천開川

여지승람에 보면 「백악·인왕·목멱산 여러 개울물이 합쳐서 동쪽으로 흘러 도성 복판을 가로질러서 세 곳의 수구로 나가 중량포中梁浦로 들어간다」 하였다.

상고해보면 우리나라 강물은 모두 서쪽으로 흘러서 바다로 들어가는데 서울의 개천만은 동쪽으로 흘러나가므로 수세가 정도를 얻었다 한다. 개성의 시냇물도 역시 개천이라 하였으니 아마 그 이름을 옮긴 듯하다. 근년 계사년(순조 33년) 3월에 백성들을 모집하여 서울 개천을 쳤는데, 제일 깊이 친 데서 처음 지평地平의 표석을 파내어 본즉 이것이 두 번 지나간 경진년(영조 36년, 즉 서기 1760년)에 새긴 것이다.

한강漢江

여지승람에 보면 「목멱산 남쪽에 있고 옛날에는 한산하漢山河라 하던 것을 신라 때에 북독北瀆으로 중사中祀에 실려 있고, 고려 때는 사평도沙平渡라 하여 보통 부르기를 사리나루[沙里津]라 하였다. 한강의 원류는 강릉 오대산五臺山에서 나와 충주의 서북쪽에서 달내[達川]와 합수되고 다시 원주 서쪽에서 안창安昌 물과 합수되고 양근 서쪽에 와서 용나루[龍津]와 합류해서 광주의 경계에 이르러 도미진度迷津도 되고 광나루[廣津]도 되고 삼전도三田渡도 되고 뒴개[豆毛浦]도 되었다가 서울 남쪽에 와서 한강이 되고, 여기서 서쪽으로 흘러 노량강露梁江도 되고 다시 용산강龍山江도 되고 또 용서강도 되며, 긍천矜川[2] 북쪽에 와서 양화도楊花渡도 되고 양천陽川[3] 북쪽에 와서는 공암진孔岩津이 되고 교하交河 서쪽에 와서 임진강臨津江과 합류되어 통진通津[4] 북쪽에 와서 조강祖江이 되어 바다로 들어간다.」

사군지四郡志를 상고해보면 「한강은 원류가 셋이 있는데 하나는 강원도 강릉의 우통于筒에서 나오고, 하나는 회양 금강산의 만폭동萬瀑洞에서 나오고, 하나는 충청도 보은 속리산의 문장대文藏臺에서 나온다. 오대산에서 나오는 것은 남쪽으로 흘러 정선군과 영월부를 지나서 충청도 영춘현[5] 경계로 들어가 서쪽으로 흘러 충주에 이르고, 속리산에서 나오는 것은 충청도 괴산·연풍 두 골 사이로 남쪽에서 서북쪽으로 흘러 경기도 여주 경계로 들어가 양근군[6]에 이르고 금강산에서 나오는 것은 남쪽으로 흘러 양구현과 춘천부를 지나 경기도 가평군 경계에 모여서 이로부터 서남쪽으로 흘러 광주 경계의 서북을 따라 경성의 남쪽을 빙 돌아 다시 서북쪽으로

2 지금의 영등포
3 지금의 김포
4 지금의 김포
5 지금의 단양
6 지금의 양평군

통진부의 북쪽과 교하군의 남쪽으로 흘러 임진강이 북쪽에서 와서 모여 합류되어 풍덕부[7]에 이르러 서쪽으로 바다로 들어간다」 했고, 한서주漢書註에 보면 「탄열현呑列縣[8]의 여산黎山의 열수列水의 분수령에서 서쪽으로 점제[黏蟬: 지금의 풍덕부인 듯—저자 주]에 이르러 바다로 들어가서 820리를 흘러간다」 하였다. 우리나라 큰물로는 오직 한강이 있어서 세 갈래 물이 합류하였다는 그 원위源委와 곡절曲折이 800리 된다는 것이 열수列水(한강의 옛 이름)가 아니고 무엇이랴.

또 산해경山海經에 「맥국貊國(옛 조선)은 한수漢水의 동북쪽에 있다」 하였고, 또 「조선은 열양列陽에 있다」 하였으며, 주註를 보면 「열수列水의 이름은 열수라 하며, 옛날부터 혹 한수라고도 했다」 하였고, 사기색은史記索隱에 보면 「조선에 열수洌水가 있다」 하였으니 열列은 열洌로 통한다.

또 상고해보면 「삼남의 조선漕船(세곡배)이 바닷길을 지나서 조강祖江에 이르러 한강으로 온다」 하였으되, 「오직 충청도의 좌수참左水站 조선은 충주 · 음성 · 진천 · 연풍 · 청안 · 괴산 여섯 고을의 세곡은 충주 달천에서 경강京江(한강)에 이른다」 하였고, 고려 때 이규보李奎報의 조강의 축일조석시逐日潮汐詩에 「사흘은 묘시, 사흘은 진시, 사흘은 사시, 하루는 오시며, 미시도 세 번, 신시도 두 번인데 달이 바뀌면 다시 이렇다[三兎三龍水, 三蛇一馬時, 羊三猿赤二, 月黑復如斯]」라 하였다. 조강 근처에는 모두 이 시간을 어기지 않는다 한다.

중량포中梁浦

도성 동쪽 15리 지점에 있다. 양주에서 남쪽으로 흘러 한강으로 들어

7 지금의 김포

8 지금의 강원도 정선(旌善)인 듯—역자주

간다.

입석포立石浦

뒴개의 상류에 있다.

도요연桃夭淵

살꽂이벌에 있다.

뒴개[豆毛浦]

도성의 동남방 10리쯤 되는 곳에 있다. 즉 한강의 상류이다.

어숙권이 지은 패관잡기에 보면 명종 때 세도재상이던 윤원형尹元衡의 첩 난정蘭貞이 두어 섬의 밥을 지어 말에 싣고 뒴개 등지에 가서 물고기에게 밥을 주어 어시魚施를 하기를 매년 두세 번씩 하였다. 이 소문을 들은 사람들이 말하기를 「백성들의 먹을 것을 앗아다가 강물고기에게 밥을 주니 이것을 앗아서 저것을 주는 것이 까마귀나 제비가 개미나 벌레 잡아 먹는 것보다 더 심하다」 하였다.

명종 20년에 뒴개 어부가 두 마리의 큰 백어白魚를 잡았는데 그 크기가 배만하였다. 조정에 바치니 모두 말하기를 크기가 변이變異한 것이라 하였고, 성균관 유생 한 사람이 조롱하기를 「저만큼 큰 물건이 제대로 먹지 못하고 상공(윤원형을 가리킴)의 밥을 바라서 바다에서 멀리 왔다가 사람에게 잡히고 마니 가엾도다」 하였다.

노량露梁

도성 남쪽 10리 지점에 있다. 강을 건너면 과천현 경계이다. 정종이 생부인 사도세자의 수원에 있는 현융원顯隆園으로 행차할 때에 여기에 배다리를 설치하였다. 팔도의 큰 배란 모두 모아서 강물에 가로 띄우고 배 위에 긴 목판을 펴고 좌우에 난간을 설치하고 기치旗幟를 쭉 늘어 꽂았다. 또 양쪽 나루 머리에는 홍살문을 세우고 주사대장舟師大將이 깃대를 잡고 북을 치고 영접하면서 강을 건넜다.

남쪽 언덕에 용양봉저정龍驤鳳翥亭이 있는데, 정종 때 세운 정자이다. 매년 수원 사도세자 원묘園墓에 행차할 때 배다리 건넌 뒤에 이 정자에서 잠깐 쉬곤 하였다.

또 서울 영문의 연습장이 노량 북쪽 나루 머리에 있었다. 요새 와서 깃 올린 대를 세운 곳이 이것이다. 훈련장은 사방이 1,100보나 된다.

용산강龍山江

도성 서남쪽 10리 지점에 있다. 즉 고양군의 부원현富源縣 땅이다. 경상·강원·충청·경기도의 상류 세곡배가 모두 여기에 모인다. 지금 국가 법전으로 두 번째의 기우제를 이 용산강에서 시행한다.

고려사를 상고해보면 「고려 충숙왕비와 조국장공주曹國長公主 금동金童이 충숙왕을 따라서 한양 용산에 행차하였다」는 것이 즉 여기였다. 또 육응양陸應陽의 광여기廣輿記에 보면 「용산은 나라 성 한강의 동쪽에 있다」고 하였는데 이는 잘못된 것이다.

마포麻浦

원 이름은 삼개이다. 도성 서쪽 10리 지점에 있다. 즉 용산강 하류이다.

서강西江

도성 서쪽 15리 지점에 있다. 황해·전라·충청·경기도의 하류 세곡배가 다 이 서강에 모인다.

양화도楊花渡

도성 서쪽 15리 지점에 있다. 즉 서강 하류이다. 양천·강화로 가는 사람은 꼭 이 나루를 건너게 된다.

양화도에는 강과 산의 경치가 좋으므로 중국 명나라 시대의 사신들이 오면 언제고 거기에 나가서 놀고 시를 짓기도 하였다. 명나라 사신의 예겸倪謙·고윤高閏·진감陳鑑·기순祁順 같은 여러 사람의 시들이 모두 여지승람에 기재되어 있다. 또 우회암尤悔庵의 외국죽지사外國竹枝詞에 「양화도 어구에 핀 붉은 살구꽃, 팔도가 조선 풍류를 노래한다[楊花渡口杏花紅, 八道歌謠東國風]」는 글귀가 있는 것을 보면 중국에서도 이름 있는 것을 알 수 있다. 이러므로 우리 선친(즉 고운古芸 유득공柳得恭)께서 양화도 시로 두 구절이 있다. 즉 「중국의 시인 우전성尤展成이 죽지사로 이 강을 읊었다. 흰 모래 푸른 잔디 어디메냐, 좋을시고 양화도로 갈까보다. 강위의 뾰족한 봉우리는 오똑오똑하고 강 사이 잠잔 안개 뭉틀뭉틀하네. 수양버들 가지에 매미노래 어지러운데 어기어차 돛대가 그림 가운데로 돌아든다[中國詞中尤展成, 竹枝偏說此江名, 明沙細草知何限, 好是楊柳渡口行, 江上峭峰碧兀兀, 江間宿霧白濛濛, 亂蟬一帶垂柳岸, 柔櫓鳴歸罨畵中]」 하였다.

또 심수경沈守慶이 지은 견한잡록遣閑雜錄에 보면 「양화도 물가에 희우정喜雨亭이 있다. 영종이 일찍이 어가御駕를 멈추었다」 하고 경經에 보면 「문종이 세자로 있을 때 세종을 따라왔는데 안평대군 용鎔도 함께 왔다」 하였다. 하루 저녁에는 안평대군이 성삼문成三問·임준任濬을 데리고 강가에 나와서 월색을 구경하는데, 동궁이 동정귤洞庭橘 두 쟁반을 보내고 그

쟁반 속에 시를 지어서 쓰고 안평대군 일행에게 시를 지어 올리라 하였다. 안평대군이 손수 서론과 시를 쓰고 또 안견安堅을 시켜서 그 즉경의 그림을 그리게 하고, 서거정 같은 명사들의 시도 차운으로 짓게 하였다. 이것이 실로 태평시대의 성사였다.

삼전도三田渡

광주廣州 경계에 있다. 도성과 상거가 30리나 된다. 한강·노량·양화도·삼전도에 모두 진도별장津渡別將이 있다.

저자도楮子島

삼전도 서편에 있다. 고려시대의 한종유韓宗愈의 별장이 여기 있었다. 조선시대에 세종왕이 이 섬을 둘째 딸 정의공주貞懿公主에게 하사하였다. 공주의 아들 안빈세安貧世가 전해서 소유하고 있다. 지금 국전國典에 두 번째의 기우제는 꼭 이 섬에서 거행한다.

여지승람에 한종유의 두 마리 절구시를 기재하였다. 즉 「질펀한 십리 호수에 가랑비 오는데, 휘파람 한소리 갈대꽃 막혔고야, 솥에 물 부어 양념해두고 낚싯대 들고 물가로 가노나[十里平湖細雨過, 一聲長笛隔蘆花, 直將金鼎調羹手, 還把魚竿下晩沙]」라 하였고, 다음은 「홑적삼 짧은 갓으로 연못가에 앉았으니, 건너 언덕 수양버들 늦바람 보내온다. 거닐다가 돌아오니 달이 떠올랐으나, 짝지머리에 연꽃향기 그대로 풍긴다[單衫短帽繞池塘, 隔岸垂楊送晩凉, 散步歸來山月上, 杖頭猶濕露荷香]」 하였다. 또 정인지鄭麟趾의 서문이 있다.

잉화도仍火島

서강 남쪽에 있고 목축장이 있다. 사축서司畜署·전목서典牧署 관원 각 한 사람씩을 이 섬에 보내서 목축을 감독하게 한다.[9]

밤섬[栗島]

마포 남편에 있다. 약초를 심고 뽕나무를 심었다.[10]

서지西池

돈의문 밖 모화관 옆에 있다. 여지승람에 보면 「가물 때 기우제 지내면 영험이 있었다」 한다.

동지東池

창경궁의 동편 연동蓮洞에 있다.

남지南池

숭례문 밖에 있다.

상고해보면 서울의 연못은 모두 장원서掌苑署에 소속되어 있다. 여기서 생산되는 연밤을 수확해서 어공御供으로 쓴다. 그 중에 서지가 제일 크고 넓어서 연꽃이 무성하다. 못가에 천연정天然亭이 있다.

숭례문 밖 연지는 요새 와서 거의 없어질 듯한데 전래하는 말로 옛날 김안로金安老 집터이던 것을 적몰한 것이라 한다.

문헌비고에 보면 「서지에는 반송盤松이 있었는데, 고려 때 어느 임금이 남경南京(즉 서울)에 왔다가 비를 이 반송 밑에서 피한 일이 있다」 한다.

---

9 지금의 여의도(汝矣島)인 듯.

10 한강을 소통하기 위하여 1971년에 폭파하고 파내어 없어졌다.

또 경모궁景慕宮 앞에도 큰 연못이 있었는데 연꽃이 심히 무성하였고, 못가 좌우에 표석을 세워서 성균관과 전방廛房을 구분하였다.

샘물과 약수諸井藥水

복정福井

성 동쪽 훈련원에 있다. 물맛이 달고 차가우며 겨울에는 따뜻하고 여름에는 차다. 가물거나 장마거나 더하지도 덜하지도 않는다. 서울에서는 제일 좋은 샘물이다. 이 샘물을 처음 발견할 때에 큰 버드나무 뿌리 밑에 수맥이 있어서 그 뿌리를 깎아내고 우물을 만들었다. 마치 밑 없는 나무통을 묻은 것 같으므로 이름을 통정桶井이라 하였다. 그 통만은 여태껏 우물 밑에서 썩지 않고 있으니 이것 역시 기이한 일이다.

미정尾井

돈의문 밖에 있다. 샘물 맛이 가장 좋으므로 서울서는 통정 다음으로 둘째간다 한다. 물이 넘쳐서 흘러내려서 비록 대한大旱이라도 마르지 않으므로 보통 초리정楚里井이라 한다. 초리라는 것은 꼬리라는 방언인데 샘물이 흘러서 꼬리가 있다는 말이다. 물맛이 달고 차가워서 염색染色하는 데 좋으므로 쪽물 들이는 사람들이 그 곁에 많이 살고 있다.

성제정星祭井

북부 삼청동 옛날 소격서 옆에 있다. 물이 돌 틈에서 나오고 맛이 심히 좋다. 즉 옛날 삼청전三淸殿의 초제醮祭에 쓰던 것이므로 이름을 〈성제정〉이라 한다.

의성위정宜城尉井

낙산駱山 밑 어의동於義洞에 있다. 지봉유설에 보면 「성 안에 있는 샘물 맛으로는 어의동 의성위(성종 4녀의 부마) 댁에 있는 샘물이 제일이라 하여 성종이 그 샘물을 어정으로 봉하고 길어다가 바치게 하였다가 뒤에 의성위에게 하사하고 사정賜井이라는 두 글자를 벽돌 위에 새겨서 여태껏 그대로 있다. 연전에 당나라 관원 경리經理(만세덕萬歲德)가 모두 이 샘물이 제일 좋다 해서 날마다 사람을 시켜서 길어다가 마셨다」 한다.

창의궁彰義宮

앞에 샘물이 있다. 이 물이 마르면 풍년이 든다 한다.

동정銅井

중부 전동典洞 옆 동정동銅井洞에 있다. 샘물을 쌓은 벽돌을 구리로 쌓았으므로 길을 때에 딩경딩경 소리가 난다. 전하는 말이 이것이 옛날 원각사圓覺寺 우물이라 한다.

팔송정八松井

남산 밑 남별영 서문 밖에 있다. 이름을 팔송정이라 한 것은 옛날 팔송 윤황尹煌이 쓰던 샘물이라 한다.

박정朴井

남산 밑 회현동會賢洞에 있다. 샘물이 깊지 않아서 바가지로 기를 수 있다고 해서 박을 방언에 박朴으로 한 까닭이다. 물맛이 맑고 차가워서 약 다리는 데 좋다.

굴정窟井

남부 진고개[泥縣]에 있다. 깊고 또 굴이 있으므로 〈굴우물〉이라 한다.

이민구李敏求의 동주집東洲集에 보면 「내 나이 열세 살 때 진고개 길가에서 놀다가 돌 밑에서 샘물이 나오는 것을 보고 가까이 살고 있는 아이들을 모아서 뚫었더니 길 가는 사람이 마시게 되었다. 내 나이 53세에 아득한 옛날의 샘물이 되었다. 지금 지나가니 감상이 있어서 한 절귀를 지었다. 손으로 뚫을 당시에는 한 오리 샘물이 어느덧 50년을 지났구나, 벽돌 속 한 줄기 차가운 샘물은 감하지 않는데, 그 속에서 늙고 죽은 사람은 누구누구런가[當年手鑿一泓新, 歲月今過五十春, 石甃凉波猶不減, 鑑中枯朽是何人]」 하였다. 동주는 지봉 이수광李睟光의 아들로 시 잘하기로 한세상 이름났다. 이번에 이 시를 본즉 굴정은 곧 동주가 뚫은 것이다.

허정許井

남산동에 있다. 즉 목멱신사木覓神祠의 옛날 샘물인데, 묘표墓標했던 돌 사람의 벽돌로 우물을 쌓았으니 괴상한 일이다. 정종 때 어떤 대관臺官이던 허씨 성 가진 사람이 그 옆에 살았다고 해서 〈허정〉이라 하였다.

약천藥泉

돈의문 밖 모화관 서쪽인 산곡 사이에 있다. 바위가 하나 있는데 이름을 악바위[惡岩]라 하고 바위 틈 사이 흙이 끼인 곳에서 가냘픈 샘물이 새어 나온다. 배앓이와 설사에 실컷 마시면 효험이 있다고 해서 매년 여름철이 되면 쪽박이를 가지고 받아 마시는 사람이 수 없이 많다. 또 창의문 밖 한북문漢北門 곁에 옥천암玉泉菴이라는 암자가 있는데, 샘이 언덕 위 바위 사이에서 흘러 바람병·체증 있는 사람이 마시면 신효하게 낫고 눈병에도 씻으면 낫는다고 한다. 옥천암의 불상은 언덕 바위를 깎아서 만들고 해수관음보살海水觀音菩薩이라 한다. 그런데 약수가 그 가까운 곳에 있으므로 성 안 사람들이 약수 마시러 이 암자에 많이 와서 먼저 인음引飮한 짠 음식을 많이 먹은 뒤에 물을 자꾸 마시어서 배가 불러야 효험이 있다 했다.

명승名勝

필운대弼雲臺

성 안 인왕산 밑에 있다. 오성鰲城부원군 이항복李恒福이 젊을 때에 필운대 밑에 있는 도원수都元帥 권율權慄의 집이 처가이므로 거처하고 있어서 스스로 별호를 서운西雲이라 하였다. 지금 석벽에 새겨져 있는 〈필운대〉라는 석 자가 즉 오성의 글씨라 한다. 필운대 옆에 있는 사람들의 집에 꽃나무들을 많이 심어서 성 안 사람들이 봄날 꽃구경하는 데는 먼저 여기를 손꼽으며 거리 사람들도 술병을 차고 와서 시를 짓느라 날마다 모여든다. 보통 거기서 짓는 시를 〈필운대 풍월風月〉이라 한다. 대 옆에 또 육각재[六角峴]가 있는데 즉 인왕산 기슭이다. 필운대와 함께 유명하다.

도화동桃花洞

북악 밑에 있다. 복숭아나무가 많으므로 도화동이라 하였다. 선친께서 〈도화동〉이라는 제목으로 시를 지었다. 「시냇가에서 비바람 몇 해런가, 도화동 봄은 재빨리 왔구나. 동리의 수없는 복숭아나무가, 사람은 나비를 따르고, 나비는 사람을 따라간다[風風雨宇碧溪濱, 忙趁桃花洞裏春, 洞裏桃花一千樹, 人隨蝶去蝶隨人].」 하였다. 지금껏 이곳에 놀러오는 사람들이 이 시구를 서로 외운다. 청헌淸軒 문성文晟이 이 동리에 살았고 청음淸陰 김상헌金尙憲이 옛날 살던 터도 있다.

유란동幽蘭洞

북악산 밑에 있다. 언덕 바위에 〈유란동〉이라는 석 자를 새겼다. 이 동리는 청송聽松 성수침成守琛이 살던 곳으로 꽃구경하기에 좋은 곳이다.

화개동花開洞

북부 안국방에 있다. 그윽한 곳이 술 마시고 시 짓기 좋은 곳이다. 이곳에 옛날 화기도감火器都監이 있었으므로 뒤에 변음해서 화개동이 되었다.

세심대洗心臺

인왕산 밑 육상궁毓祥宮 뒤에 있다. 석벽에 〈세심대〉라는 석자가 새겨 있다. 봄철 꽃구경하기 좋은 곳이다. 영종 11년에 장헌세자莊獻世子(즉 사도세자思悼世子)가 출생한 뒤에 영성군靈城君 박문수朴文秀가 시를 짓되 「그대는 노래 나는 휘파람으로 동쪽 언덕에 오르니, 흰 오얏 붉은 복숭아 어지러이 피었고야, 이러한 경치 이러한 놀음을, 태평세대 술자에 길이 취코져[君歌我嘯上東臺, 李白桃紅萬樹開, 如此風光如此樂, 每年長醉太平杯]」 하였다. 정종 19년에 춘당대春塘臺에 상화조어연賞花釣魚宴을 열었는데, 정종이 박문수의 세심대 절구 운자韻字를 따서 시를 짓고 연회에 참여한 여러 신하들에게 차운하라 명령하여 사도세자의 회강 경사를 기념하였다.

수성동水聲洞

인왕산 기슭에 있다. 골짜기 깊고 그윽해서 물 맑고 바위 좋은 경치가 있어서 더울 때 소풍하기에 제일 좋다. 혹은 이 동리는 옛날 비해당匪懈堂

안평대군이 살던 터라 한다. 개울 건너는 다리가 있는데 이름을 기린교騏麟橋라 한다.

옥류동玉流洞

인왕산 밑에 있다. 물 맑고 바위 좋은 경치가 있다. 샘이 석벽 사이에서 흘러나온다. 석벽 위에 〈옥류동〉이라는 석 자를 새겼다. 앞에 있는 개울을 계수란灘瀨瀾이라 하고 집을 청휘각淸暉閣이라 하였다. 모두 농암農巖 김창협金昌協이 지은 이름이다.

백연봉白蓮峰

삼청동 막다른 곳에 있다. 즉 북악의 기슭이다. 석벽에 영월암影月巖이라는 석자를 새겼다. 김유근金逌根의 별장인데 백련사白蓮社라 이름하였다.

송동宋洞

성균관 서쪽 기슭에 있다. 우암 송시열이 옛날에 살던 곳이다. 석벽에 증주벽립曾朱壁立이라는 넉자를 새겼다. 우암의 글씨이다. 골짜기가 깊고 꽃나무들이 많아서 봄에 놀러오는 사람들이 많다. 석벽 틈에 조그마한 푸른색 개구리가 언제나 거기에 있어 사람들이 이상히 여긴다. 옛날 수정修井 정경순鄭景淳이 친구에게 보내 준 송동에서 지은 시에 「서형徐兄과 이형李兄 둘이 서로 상종하여 송동의 많은 복숭아 다 떨어지지 않는다[徐兄李二應相逐, 宋洞千桃不盡飛].」는 글귀가 있어서 사람들이 전해서 외운다.

북사동北寺洞

혜화문 밖에 있다. 옛날 묵사墨寺가 있었으므로 묵사동이라고도 한다.

또 어영청의 북쪽 창고가 여기에 있었으므로 또 북둔北屯이라고도 한다. 맑은 시냇물 양 언덕의 근처에 살고 있는 사람들이 복숭아를 심어서 생업을 하므로 매년 늦은 봄에 놀러오는 사람들의 수레와 말들이 산골짜기를 메운다. 깨끗한 집들도 역시 많다. 정유貞蕤 박제가朴齊家의 성시전도시城市全圖詩에 「불상할사 북둔의 풍속에 복숭아 심지 않을 것을 수치로 안다[最憐城北屯邊俗, 不種桃花以爲羞]」 한 것이 이 까닭이다.

산단山壇

바깥 남산에 있다. 즉 남단 옆 잔디밭이다. 서울 풍속에 매년 단오일에 나이 젊고 건장한 사람들이 짝을 지어서 씨름을 여기에서 한다. 시정사람들의 구경꾼이 많다.

상고해보면 씨름이라는 것은 우리나라 풍속에 나이 젊은 시정배들이 서로 허리와 다리를 잡고 힘을 겨루어 먼저 자빠지는 사람이 지는 것이고, 자빠지지 않은 사람이 이기는 것이다. 중국 사람들의 이른바 고려기高麗技란 것이 이것이다.

몽답정夢踏亭

창덕궁 서쪽 훈국訓局의 북영北營 안에 있다. 샘물과 바윗돌의 경치가 좋다. 숙종이 언젠가 꿈에 이 정자에 오른 일이 있어서 몽답정이라 이름을 내렸다. 또 활 쏘는 사정射亭이 있는데 군자정君子亭이라 했다. 현판은 풍릉군豊陵君 조현명趙顯命이 썼다.

세검정洗劍亭

창의문 밖 탕춘대蕩春臺 옆에 있다. 바위 위에 정자가 있어서 폭포가 앞에 있다. 매년 장마철 물이 불어날 때 성 안 사람들이 나가서 구경한다. 정자 앞 반석이 물에 닳아서 반들반들하고 깨끗하기를 씻은 듯하다. 여염집 아이들이 붓을 가지고 그 바위 위에서 글씨 쓰는 것을 연습하므로 돌 위에 언제나 먹물 밴 흔적이 있다. 이 폭포를 거슬러 올라가면 동령폭포洞嶺瀑布란 것이 있다.

천연정天然亭

돈의문 밖 서지西池가에 있다. 이 정자는 본래 이해중李海重의 별장이던 것인데 지금은 경기감영京畿監營의 중영中營 공청으로 되어있다. 연꽃이 무성해서 여름철에 성 안 사람들의 연꽃 구경하는 곳은 여기가 제일이다.

쌍회정雙檜亭

남산 밑 창동 앞에 있다. 돌 틈 샘물과 신나무·아구나무 같은 것이 많아서 9월 단풍 때 놀이하기에 좋다. 또 칠송정七松亭이란 것이 남산 기슭에 있는데 정자는 아니고 일곱 그루의 큰 소나무가 높은 곳에 있어서 올라서 도성을 바라보는 데 좋다.

천우각泉雨閣

남산 밑에 있다. 즉 남별영에 소속되는 관청이다. 개울을 걸쳐서 집을 지어 여름철 피서하기에 좋다. 석벽에 아계丫溪란 두 글자를 새겼다.

협간정夾澗亭

낙산 밑에 있다. 앞에는 개울 폭포가 있다. 쌍계雙溪 이재李梓가 지은 바로 동촌 사람들의 놀이터가 되었다.

읍청루挹淸樓

즉 훈국에 소속된 별영의 창고 누각이다. 앞에 긴 강물이 흘러서 경치가 심히 좋다.

상고해보면 도성의 8경시가 있다. 여지승람에 이르기를 「서울의 산수[畿甸山河], 도성의 궁궐과 동산[都城宮苑], 여러 별같이 벌려 있는 여러 관청[列署星拱], 바둑판같은 여러 방리[諸坊碁布], 동문 밖 훈련장[東門敎場], 서강의 세곡배[西江漕泊], 남쪽 나루 행인[南渡行人], 북교의 목마[北郊牧馬]」라 해서 정도전·권근·권우權遇의 시가 있다.

또 열 가지 시가 있다. 즉 「장의사藏義寺를 찾는 중[藏義尋僧], 제천정 달구경[濟川翫月], 반송정에서 사신작별[盤松送客], 양화도의 설경[楊花踏雪], 목멱산의 꽃구경[木覓賞花], 살꽂이의 답청놀이[箭橋尋芳], 삼개의 뱃놀이[麻浦泛舟], 홍덕사 연지의 연꽃 구경[興德賞蓮], 종루거리의 관등구경[鐘街觀燈], 입석개의 낚시놀이[立石釣魚]」라 해서 모두 정도전·권근·권우의 시가 있다. 또 남산에서 보는 8경시가 있다. 즉 「구름 뜬 궁궐[雲横北闕], 물 부른 한강[水漲南江], 바위 밑 그윽한 꽃[岩底幽花], 재 위에 큰 솔[嶺上長松], 삼춘의 봄놀이[三春踏靑], 중구날 산에 오르기[九日登高], 산에 올라 등불 구경[陟巘觀燈], 시냇가에서 세수하기[沿溪濯纓]」인데 모두 정이오鄭以吾의 시가 있다.

지봉유설에 보면 「한성 서울의 10경에 장의사 찾는 중, 홍덕사 연꽃 구경, 입석개 낚시놀이라 했는데 상고해보면 장의사는 옛날 창의문 밖에 있었고, 입석포는 두모포 상류에 있었다」 했다.

경도잡지에 보면 「필운대 살구꽃, 북둔의 복숭아꽃, 흥인문 밖 버들, 천연정 연꽃과 삼청동·탕춘대의 수석水石에, 놀이하고 시 짓는 사람들이 여기에 많이 모여 들었다」 했다.

창회정蒼檜亭

서빙고강 북편에 있다. 세조가 대군으로 있을 때에 항상 이 정자에 와서 놀다가 권남權擥을 만나서 한 번 보고 친하게 되어 뒷날 세조의 공신이 되었다.

각동各洞

지금의 서울 여러 거리를 모두 동洞이라 하는 것은 중국의 후퉁[衚衕]과 같은 것이다. 김창협이 지은 농암잡지農岩雜誌에 보면 「중국에서 동洞이라 하는 데는 모두 바위 틈 사이 가운데가 비어서 거처할 만한 곳을 이름이라」 하였다. 그러나 우리나라에서는 도성의 방과 이里도 역시 동이라 한 것은 더욱 말도 안 된다. 무슨 까닭에 이런 잘못이 있는지 모르겠다.

또 명나라 양신楊愼의 승암집升庵集에 보면 「요새 거리 골목을 호동胡洞이라고 하고 혹은 아동衙衕, 또는 오동衙侗이라고도 했으니, 우리나라에 있어서 〈동洞〉자를 쓴 것은 모두 〈동衕〉자를 쓰는 것이 옳다」 하였다.

이문동里門洞

역시 이문안이라고도 한다. 인조가 왕이 되기 전에 있던 곳으로 연못이 있는데 잠룡지潛龍池라 한다. 집안에 영종의 어필로 〈잠룡지〉라 쓴 것을 걸어 놓았다.

향교동鄕校洞

정암靜菴 조광조趙光祖의 옛 집이 있었다. 고려 때 한양 향교가 여기에 있었다.

수진동壽進洞

수진방 그대로 동명으로 하였다. 목은牧隱 이색李穡의 영당影堂이 있다. 매년 향사 때에 후손과 유생들이 가서 참사하는 사람들이 심히 많다.

시금동詩琴洞

수표교水標橋 동편으로 수십 보 되는 지점에 있다. 즉 옛날 삼연三淵 김창흡金昌翕이 친구들을 모아서 시짓기 · 고[琴]뜯기 놀이를 하던 곳이므로 이름된 것이다.

지봉유설에 보면 「경성 안팎의 49방의 이름을 모두 정도전이 지었고, 도전이 수진방에 살았는데 태종에게 참형을 당하여 사람들이 말하기를 수진이 맞추었다 한다.」 〈수진壽進〉과 〈수진壽盡〉이 음이 같다고 한 것이다. 지금은 고쳐서 수중동壽重洞)이라 한다.

전해오는 말이 「정도전의 집이 수진방에 있었는데 적몰해서 중학中學에서는 서당書堂을 짓게 하고, 제용감濟用監에서는 안채를 짓게 하고, 사복시에서는 마구터를 만들게 하였다. 정도전이 지리를 잘 보아서 말 천 마리를 맬 곳을 구해서 집을 지었던 것이라」 한다.

내농포內農圃

창덕궁 돈화문 밖에 있다. 동편에 농포農圃가 있는데 내관들이 이를 주관하여 소채를 심어서 공상供上하는 데 쓴다.

〈이상은 중부〉

어의동於義洞

효종의 잠저潛邸(임금이 되기 전의 집)가 있어 용흥궁龍興宮이라 하고, 그

망루 이름을 조양루朝陽樓라 한다. 우리나라 가례를 항상 이 궁에서 거행한다. 또 동편 맞은편에 석양루夕陽樓가 있다. 이것은 인조왕자 인평대군麟坪大君의 궁이다. 봉사하는 후손이 대대로 살고 있다. 또 기재企齋 신광한申光漢의 옛 집이 이 동리 타락산 밑에 있었다. 모두들 명승지라 하고 신대申臺라 하면서 놀러들 가는 곳이 즉 이것이다. 그 석벽에 새긴 홍천취벽紅泉翠壁이라는 넉 자가 표암豹菴 강세황姜世晃의 글씨이다. 또 남이南怡 장군의 집터도 이 동리에 있는데, 즉 지금 정유貞蕤 박제가朴齊家의 집이다. 뜰에 넓고 큰 반송盤松이 있는데 32개의 기둥으로 받쳐 놓았다. 이 솔을 어애송御愛松이라 한다. 이 솔은 영종 43년 강릉부사 조진세趙鎭世가 심은 것이다. 솔 심은 것만으로 이름을 후세까지 전하는 것도 역시 기이한 일이다. 정종이 사도세자 사당에 참배하고 문희묘文禧廟(정종 1남 문효세자의 사당)의 터를 잡으려고 우연히 이 반송 밑을 지나다가 반송이 좋다고 칭찬하게 되어 〈어애송〉이라는 이름을 하사하게 되어 모두들 영광스럽게 생각하였다.

백동柏洞

낙산 밑에 있다. 태종 때 공신 박은朴訔의 옛 집터이다. 백림정柏林亭이 있었으므로 백동이라 하였다.

송동宋洞

우암 송시열의 집이 여기에 있었다. 석벽에 새긴 〈증주벽립曾朱壁立〉이라는 넉 자가 우암의 글씨다.

관동館洞

성균관이 있다고 해서 관동이라 한다. 월사 이정구의 옛 집이 있다. 봉사하는 주손이 세거한다. 사당 앞에 홑술의 홍매紅梅나무가 있다. 즉 중국 사람이 월사에게 심으라고 준 것이다. 우리나라에 홑술의 홍매는 이것 한 나무뿐이다.

남상문南尙文은 선조 때 사람으로 관직은 군수뿐이다. 옛 집이 낙산 밑에 있고 정원과 연못, 꽃나무의 경치가 좋았다. 명나라 사신 양호楊鎬가 낙산 위에서 놀다가 이름난 별장을 찾았다. 마침 남공이 소나무 밑에 섰는데 수염과 눈썹이 모두 희고 얼굴이 신선과 같았다. 함께 앉아서 감탄하는 말이 「오늘에 이러한 위인을 만날 줄 몰랐다」 하고, 그 문에 달 현판에 〈나이와 덕이 뛰어난 달존達尊의 거리[齒德俱優達尊之閭]〉라 써주고 갔다.

홍덕전弘德田

낙산 밑에 있다. 세상에 전하는 말이 효종이 병자호란으로 세자 때 청국 심양으로 볼모로 가있을 때에 나인[內人] 홍덕弘德이도 볼모로 심양에 있는데 동치미를 잘 담가 날마다 공상하였다. 돌아온 뒤에 왕위에 오르자 홍덕이도 본국으로 속환贖還(돈을 주고 찾는 것)했다. 홍덕이 다시 동치미를 담가서 나인을 통해서 바쳤다. 효종이 동치미 맛을 보고 동치미 출처를 물으니 나인이 그 사실을 고하였다. 효종이 깜짝 놀라 즉시 홍덕을 불러 후한 상품을 주려 하니 홍덕이 감히 받을 수 없다고 사양하였다. 그래서 왕이 낙산 밑에 있는 몇 고랑 밭을 하사하여 그 애씀을 보답하였다. 이 밭은 지금도 그대로 있는데 모두들 홍덕의 밭이라 한다.

지봉유설에 보면 「고려 때 도선道詵의 도참圖讖을 믿고 한양에 오얏(자두)나무를 많이 심어서 지기를 눌렀다. 그러므로 종리촌種李村이라는 이름도 있었다. 옛날 한양 동촌을 혹은 양류촌楊柳村이라 하였다. 여염에서 이 말이 성행하였다」 한다.

요새 와서도 역시 동촌이라 한 것은 벌써 고려 때부터 있었던 것이다.

〈이상은 동부〉

회현동會賢洞

남산 밑에 있다. 역시 방 이름 그대로였다. 문익공文翼公 정광필鄭光弼의 옛날 살던 집이 있고 지금도 그 후손들이 살고 있다. 그 집에 은행나무가 있는데 전하는 말에 신인神人이 「서대犀帶(정승 띠로 물소 뿔로 만든 각대) 열두 개를 이 나무에 걸 것이라」 했다 한다. 즉 이 터에서 열두 정승이 날것이라는 말이다. 정씨로서 정승 된 사람이 심히 많았으나, 아직도 열둘은 차지 않았다 한다. 또 양파陽坡 정태화鄭太和의 옛 집도 이 동리에 있다. 옛날에는 바깥 사랑방이 단지 한 간 집으로 형제가 정승이 되어도 협착한 줄 몰랐으며, 또 그 안채는 선원仙源 김상용金尙容, 청음淸陰 김상헌金尙憲의 태실胎室이므로 사람들이 여태껏 말해 와서 옛 주인을 바꾸지 못한다. 또 일두一蠹 정여창鄭汝昌의 옛 집터도 이 동리에 있으므로 일두의 후손들이 매년 그 집터의 세를 이 동리에 살고 있는 사람에게 받아간다. 또 표암豹菴 강세황姜世晃의 옛집도 이 동리 막다른 산기슭에 있다. 그러므로 참봉參奉 이광려李匡呂의 시에 「천만 주 남산 솔이 집이 들어서서 남산이 없어진다[嶺松千萬萬, 宅卷無南山].」한 것이 이 까닭이다.

재산루在山樓

회현동 막다른 곳에 있다. 바로 남산 기슭에 닿아있다. 전하는 말로 청성靑城부원군 김석주金錫胄가 여기에서 출생하였다. 어릴 때에 얼굴이 호랑이와 비슷해서 「호랑이는 당연히 산에 있어야 한다」는 뜻으로 그 집 다락집을 〈재산루〉라 하였다. 담 밖에 노송나무 한 그루 있는 것은 청성이 손수 심은 것이다. 또 열아홉 번 굽이치는 폭포가 있고 밑에는 샘물이 있어서 물맛이 심히 차가우며 샘물 동쪽 석벽에 창벽蒼壁이라는 두 글자가 새겨져 있고, 반석 위에 옴폭한 것이 있는 것은 즉 먹 갈던 곳이다. 광해군의 외손 박씨가 이 동리에 대대로 살면서 광해를 봉사해왔다.

송현松峴

달성위達城尉 서경주徐景柱의 옹주 집이 있다. 이 궁은 본래 우리 집 십대조 판서공의 옛집이었는데, 삼대를 전해오다가 궁이 되었다. 달성위가 동전東田에서 여기로 이사 왔다는 것이 야사에 보인다.

장흥동長興洞

옛날 장흥고長興庫가 여기에 있어서 동명이 되었다. 읍취헌挹翠軒 박은朴誾의 옛날 살던 터가 있다. 또 일송一松 심희수沈喜壽의 집터도 있다. 일송의 손으로 심은 소나무 한 주가 지금도 있다. 그 뒤에 좌정승 김국광金國光의 집이 되었다. 김 정승이 집을 너무 사치하게 지었다고 탄핵을 입었으나, 지금으로 보면 그리 변변치 못하다 한다.

상동尙洞

성안군成安君 상진尙震이 살던 곳이므로 동리 이름을 상동이라 하였다. 세종 9년에 동원東園을 처음 설치해서 국왕의 관곽을 간수하게 하였으므로 동원문東園門이라 현판을 하였다. 공조에서 주관한다.

명신록名臣錄에 보면 「세종 때 정척鄭陟이 왕의 수궁壽宮(즉 관과 곽)을 미리 만들어 두기를 청하였다. 조정에서 옳게 여기고 정척에게 황장목黃腸

木(속이 누런빛 나는 좋은 목질)을 널리 구해서 관곽을 미리 만들어 두게 하였다. 그래서 불의에 국상이 나도 걱정 없게 되었다.」

내시부內侍府

북부 준수방俊秀坊의 내의원內醫院 북쪽에 있다. 개국 초기에 환시宦侍의 관청을 두게 하고 대내의 감선監膳(수라상 반찬 감독), 명령 전달, 문 지키는 것, 소제하는 소임을 맡아보게 하였다.

상고해보면 옛날 환시부는 경복궁의 경회루 남문 서편에 있었다. 점필재 김종직이 지은 내반원기內班院記에 씌어 있기를 「서울에 도성을 세운 이후로부터 내시부를 두었으나, 우리 성상聖上께 이르러서 처음으로 〈내반원〉이라는 명칭을 내리게 된 것은 옛날 송나라 시대의 제도를 회복한 것이며, 바깥뜰의 백관들의 반열班列과 구분하려는 것이라」 하였다.

상정승동尙政丞洞

숭례문 안 길 옆에 있다. 영종의 행차가 이 길 옆을 지날 때에 액예掖隷(가장 가까이 모시는 하인)들이 전례로 「무슨 동이오」 하고 동명을 알리는데 여기에 와서 수레를 잡고 머리를 굽히고 지났다 한다.

교서관동校書館洞

옛날 교서관이 여기에 있었으므로 동명이 되었고, 또는 운동芸洞이라고도 한다. 교서관을 운각芸閣이라 한 까닭이다. 옛날 임경업林慶業 장군이 살던 집터도 있다. 교서관 안에 있는 부군당府君堂의 신상神像은 즉 임 장군이라 한다. 옛날 정종 때 우리 집이 오래도록 이 동리에 살아서 선친께서 고운古芸이라 당호堂號한 것도 이 까닭이다.

타락동駝駱洞

문강공文康公 조말생趙末生의 옛집이 있었다. 즉 신승神僧 무학無學이 정한 집터이다. 그 뒤에 조씨의 자손이 이 동리에 많이 살았다. 그런데 남산의 산맥이 바로 낙동으로 뻗치어서 지리 풍수설風水說로 거북이 엎드린 형국이라 한다. 서편에는 조씨 집이 있고, 동편에는 윤상국尹相國 시동蓍東의 집이 있는데, 거북의 왼편 바른편 눈이며 요새 와서 공북헌拱北軒이 그 꼬리에 해당한다고 한다.

남산동南山洞

남산 밑에 있다. 백강白江 이경여李敬輿의 옛집이 있다. 봉사하는 주손이 지금도 살고 있다.

호위청동扈衛廳洞

남동南洞과 나동羅洞 사이에 있다. 옛날 호위청이 여기에 있었으므로 동명이 되었다.

종현鐘峴

옛날 종을 달았던 곳이므로 이름한 것이다.

추관지秋官志(형조의 연혁) 안설案說(상고한 의견)에 보면 「임금에게 간諫하는 북을 남쪽 산마루에 달고 비방하는 푯말을 서쪽 다리에 설치하여서 지금껏 종현이니 방목교謗木橋니 하는 것을 보면 개국 초기에 옛날 중국 하夏나라 · 상商(은나라)나라 · 주周나라 삼대 시대의 좋은 제도를 모방한 것을 알 수 있다」 하였다.

전설로 윤선도尹善道 집터에 주춧돌이 그대로 있는데, 전각篆刻으로 〈여

산부동如山不動〉이라는 넉 자가 쓰여 있다. 혹은 허미수許眉叟의 글씨라고도 한다.

이 산의 산맥은 남산에서 내려와서 성중에 툭 튀어져 있다. 윤고산尹孤山이 말하기를 제비집 형국이라 한다. 재에는 윗재, 중간재, 아랫재의 세 가지 칭호가 있다. 동쪽은 저동苧洞이다.

나동羅洞

옛날 대장 나홍좌羅弘佐가 살던 곳이므로 나동이라 한 것이다.

창동倉洞

선혜창宣惠倉이 있었으므로 창동이라 한다. 허미수의 옛날 집이 여기에 있었다.

주자동鑄字洞

권남權擥의 옛날 집이 있었다. 후조당後凋堂이라는 현판은 허미수의 글씨이다. 전래하는 말로 처음 집터를 잡을 때에 무학대사를 시켜서 뒤늦도록 유지할 터를 잡았으므로 거처하는 청을 〈후조당〉이라 한 것이다.

묵사동墨寺洞

동악東岳 이안눌李安訥의 옛날 집이 있다. 후원에 시단詩壇이 있다. 이 책 고적편에 기재되어 있다. 또 풍원부원군豊原府院君 조현명趙顯命의 귀록정歸鹿亭 있던 터가 있다. 풍원이 당시에 푸른 실끈으로 사슴을 정자 밑에 매어 놓았다. 즉 옛글에 있는 사슴수레를 함께 잡고 시골로 돌아간다는 뜻이다. 또 옛날 허생원이 이 동리에 숨어 살아서 집은 가난하고 글 읽기를 좋아하고 여러 가지 사적事跡이 있었다고 연암燕岩 박지원朴趾源이 허생전을 쓴 일이 있다.

지봉유설에 보면 「묵사동은 옛날 묵사墨寺가 있던 곳이며, 송송정宋松亭이란 것은 송씨 성을 가진 사람이 살았는데 소나무 정자가 있었다」 한다.

필동筆洞

옛날 남부南部(지금의 구청)가 여기에 있었으므로 부동部洞이라 하였다. 방언으로 부와 붓이 비슷하므로 변해서 붓동이 되고 다시 필동이 되었다. 이 동리 둘째 거리에 미촌美村 윤선거尹宣擧의 옛날 집이 있었다.

소남동小南洞

옛날 남소문이 여기에 있었으므로 동리 이름이 되었다. 구정龜亭 남재南在가 이 동리에 살았고, 또 동고東皐 이준경李浚慶의 집터도 있다.

남학동南學洞

남학이 여기에 있었다. 옛날 광해 때 정승이던 박승종朴承宗의 옛집터가 있었는데 〈읍백당挹白堂〉이라 현판을 달았었다.

청학동靑鶴洞

여지승람에 보면 옛날 우의정 이행李荇의 서재가 여기에 있었다. 언덕 바위에 〈용재 이선생서사유지容齋李先生書舍遺址〉라 새겨있다 하였다. 요새 사람들이 전하는 말로 「읍취헌 박은의 옛집이 필동 막다른 청학동에 있다」 한다.

생민동生民洞

필동과 이웃이다. 옛날 단종 때 사육신死六臣의 한 사람인 취금헌醉琴軒 박팽년朴彭年의 옛날 집이 있다. 뜰 안에 오래된 소나무가 충신의 곧은 절개를 상징하는 듯 서있다.

소공동小公洞

남별궁南別宮이 있다. 궁실부宮室部에 자세하게 기록되어 있다. 선조 때의 옹주의 제택이었으므로 소공동이라 한다.

쌍이문동雙里門洞

옛날 쌍이문이 있었으므로 동명이 된 것이다. 혹은 이 동리가 광해 때 권세가들이 살던 곳이라 한다. 이이첨李爾瞻이 일찍이 〈쌍리〉라고 자칭하여 이첨이 패한 뒤에 그곳을 비워두고 사대부들이 살지 않았다 한다.

어우야담於于野談에 보면 「윤희굉尹希宏이라는 사람은 학자인데 천성이 솔직하고 고상해서 수석水石을 좋아하고 쌍문리의 남산 기슭에 살았다. 바위를 쌓아서 산을 만들고 샘물을 끄어다가 연못을 만들어 말쑥해서 산림山林의 지취가 있었다. 그래서 장안 사부士夫들이 구경을 많이 왔다. 그 친구 성택선成擇善이 술 취한 김에 농을 하기를 "우리 집에 큰 괴석이 있어서 뛰어나게 기괴한데, 자네가 만약 가지고 싶으면 수레와 말을 준비해서 보내게" 하였다. 희굉이 이 말을 듣고 좋아하고 한성부에 편지를 보내서 공용하는 수레와 소를 빌려서 명례동明禮洞으로 보냈더니 택선이 웃으며 남산 잠두를 가리키면서 "이것이 우리집 괴석이니 네가 기운 세거든 마음대로 싣고 가라" 하였다. 그 하인이 멀거니 바라보기만 하고 수레를 몰고 돌아갔다. 이때 나이 젊은 유생 김두남金斗南이 돌로 만든 산을 보러오니 문을 지킨 사람이 거절하였다. 두남이 골을 내어 붓을 찾아서 그 문에다가 글귀를 쓰기를 〈그대 집의 경치가 유명해서 날마다 놀러온 이가 모두 벼슬아치로다. 산 돌멩이가 어찌 나만을 거절하랴. 문 앞에서 유관儒冠 쓴 것이 쑥스럽다[君家名勝擅長安, 日日來遊盡達官, 山石豈能偏拒我, 到門還愧着儒冠].〉 하였다」 한다.

야현冶峴

보통 풀무재라 한다. 즉 남산의 동편 기슭이다. 비파정琵琶亭이 있는데, 지금은 정자는 없고 단지 소나무만 있으며 올라서 조망하기에 좋다.

난정이문동蘭亭里門洞

남산 밑에 있다. 옛날 한명회의 옛집이 있으며, 그 동종인 여러 한씨가 많이 살고 있다. 여러 종씨들이 자주 난정수계회蘭亭修稧會를 하였으므로 이런 이름이 되었으며, 지금은 그저 난동蘭洞이라고만 한다.

초전동草廛洞

즉 초정동椒井洞이다. 요새 이 동리 곁에 전주묵골[全州墨洞]이라는 곳이 있고, 그 속에 샘물이 있는데, 샘물 이름이 전초정田椒井이다. 그런데 전주묵이라는 것은 전초정의 잘못된 방언인 듯싶다. 초전도 초정의 잘못인 것을 이 샘물로 증명할 수 있다.

죽전동竹廛洞

동현銅峴

보통 구리개라 한다. 보은단동報恩緞洞과 마주 있는 거리 마을이며, 또 구름재[雲峴]라고도 한다. 방언으로 구리[銅]와 구름[雲]이 비슷한 까닭이다. 체부청동體府廳洞이 동현 안에 달려있다. 현종 때 체찰사부體察使府를 여기에 설치한 일이 있다.

피란동披蘭洞

필동 안에 있다.

옛날 피란사披蘭寺가 있었으므로 동명이 된 것인데, 피란동避亂洞이라 하는 것은 잘못이다.

정동貞洞

즉 개국 초기에 태조비 정릉貞陵의 옛터가 있었으므로 지금껏 정릉동이라 한다. 지금 서학재 오른쪽 언덕인가 후원에 돌로 쌓은 단 있는 곳이 옛날 능터라 한다.

어서각동御書閣洞

작은 정동 안에 있다. 즉 정승 최규서崔奎瑞가 살던 터이다. 영종 4년 이인좌李麟佐의 난을 평정한 공으로 분무공신奮武功臣으로 봉했으나, 등록을 거절하였으므로 그 뒤 영종 37년에 어필로 〈일사부정一絲扶鼎〉 넉 자를 써주고 서울 집에 어서각을 세우게 하였다. 이래서 동명이 된 것이다.

학동鶴洞

서소문 안에 있다. 또는 확교確橋라고도 한다. 옛날 이퇴계李退溪가 이 동리에 살면서 성 내의 명승지라 하였다.

이덕형李德馨이 지은 죽창한화竹窓閑話에 보면 「이퇴계가 거처하던 집이 서울 서소문동에 있고 뜰에 수십 길 되는 느티나무가 있었다. 임진년 병화 뒤에 성 안의 큰 나무들이 거의 없어졌으되 이 나무만은 그대로 있어서 푸른빛이 공중에 가득하더니만 신해년(광해 3년, 서기 1611년) 봄에 갑자기 꺾어져서 사람들이 괴상하게 생각하더니 이 해 여름에 정인홍鄭仁弘이 박여량朴汝樑의 무리들을 사주하여 소장을 올리고 퇴계를 헐뜯기를 못할 바 없었다. 그래서 느티나무가 부러진 변괴가 이래서 징험하게 되었다」 한다.

누국동漏局洞

학교鶴橋(혹은 확교)의 북쪽에 있다. 사계沙溪 김장생金長生의 옛날 집이 있다. 자손이 지금도 살고 있다.

태평동太平洞

옛날 태평관太平館이 있었다. 태평관은 중국 사신을 접대하는 곳이다. 아계鵝溪 이산해李山海와 사암思菴 박순朴淳의 옛집도 이 동리에 있었다.

보은단동報恩緞洞

보통 미장동美墻洞이라 한 것은 그 음이 잘못된 까닭인 듯하다.

통문관지通文館志에 보면 「홍순언洪純彦이 젊어서 곤궁하였으나 의기가 있었다. 중국 연경에 가는 길로 통주通州에 도착하여 밤에 청루靑樓[1]에서 노는데, 어떤 미녀가 하나 있어서 자색이 있었다. 마음에 들어서 주인 노파에게 부탁하여 하룻밤 동침하기를 요구하였다. 그러나 그녀가 소복을 입

1 창기(娼妓)나 창녀들이 있는 집

고 있어 물은즉 그녀의 대답이 “소녀의 부모는 본래 절강浙江 사람으로 서울에 와서 벼슬하고 있다가 불행히도 병에 걸려 양친이 모두 세상을 떠나고 빈소는 객관客館에 있으나 소녀가 독신으로 고향으로 돌아가 장사를 지낼 노자가 없어서 부득이 몸을 팔게 되었습니다.” 하고 말을 마치며 울먹였다. 순언이 듣고 딱하게 여겨서 “반장返葬할 비용이 얼마면 되느냐?” 하고 물은즉, 300냥은 되어야 한다고 해서 주머니를 털어서 주고 끝내 가까이하지 않았다. 그리고 그녀가 성명을 물어도 말하지 않으니 그녀가 하는 말이 “대인께서 대답하시지 않으면 소녀도 감히 받을 수 없습니다.” 하고 받기를 거절하므로 부득이 성만 홍가라 말을 하고 나왔다. 함께 놀던 사람들은 모두 그가 세상물정 모른다고 조롱하였다.

그녀는 그 뒤에 명나라 예부시랑 석성石星의 계실이 되었다. 시랑이 이 이야기를 듣고 그 의협심을 대단하게 여기고 번번이 우리나라 사신만 보면 꼭 홍 통관通官(통역하는 관원)이 왔나를 물었다. 때마침 우리나라에서 나라의 종계宗系가 중국 문헌에 잘못되어서 이것을 고치려는 변무사辨誣使[2]가 전후 십여 차례 갔으나 모두 고치지 못하였다. 선조 17년에 홍공이 변무사 지천芝川 황정욱黃廷彧을 따라서 북경北京에 도착했다. 조양문朝陽門 밖을 바라보니 비단 장막이 구름과 닿아있고 말 탄 사람 하나가 와서 홍 판사냐 묻고 말하기를 “예부의 석 시랑이 공이 온단 말을 듣고 부인과 함께 환영하려 기다린다.” 하자, 여종 십여 명이 시랑의 부인을 옹위하고 장막 뒤에서 나온다. 공이 깜짝 놀라 물러나와 피신하려 하니 시랑이 하는 말이 “홍공은 통주에서 은혜 베푼 일을 기억하는가? 내가 부인의 말을 들어보니 그대는 참말로 천하의 의사이라. 지금에서 만나보니 내 마음이 후

2 조선시대 왕실이나 국가의 중요사실이 중국에 잘못 알려질 경우 이를 해명 또는 정정하기 위하여 보내는 특별사절 또는 그 사신.

련하다." 하고 부인이 즉시 꿇어앉아 배례를 하려 한다. 홍공은 엎드려서 굳이 사양하니 시랑의 말이 이것은 은혜를 갚기 위한 배례이니 받지 않을 수 없다 하고 부인은 말하기를 "그대의 높은 의협심으로 입사와 부모의 장례를 치르게 되었으니 마음 가운데 서린 심정 어느 날 잊겠습니까?" 하고 크게 풍악을 잡히고 부인이 손수 술잔을 권하였다. 시랑이 묻기를 "이번에 조선서 사신이 온 것은 무슨 까닭인가?" 하기에 홍공이 사실대로 대답하니 시랑의 말이 그대는 걱정하지 말라 하고 회동관會同館에서 유한지 월여에 종계변무는 청한 대로 특명으로 사실을 기록하여 회전會典을 새로 고치게 된 것은 실로 석 시랑의 힘이었다. 돌아올 때가 되어 석 시랑의 초청을 받고 그 집에 가니 접대가 심히 후하며, 부인은 자개 놓은 함 열 개에 각각 오색비단 열 필씩 담아서 주면서 하는 말이 "이것은 소녀 손으로 짜서 그대가 오기를 기다린 것이니 이것으로 그대에게 바치기를 원하옵니다." 한다. 홍공이 사양하고 받지 않고 압록강변에 돌아오니 물건을 메고 오는 군정이 따라와서 그 비단을 두고 가버렸다. 그 비단에는 모두 〈報恩〉이라는 두 글자의 무늬를 놓았다. 돌아온 뒤에 비단 사러 온 사람들이 붐볐다. 그래서 사람들이 홍순언의 살고 있는 동리를 〈보은단동〉이라 하였다. 선조 25년에 왜적들이 도성을 범해서 왕의 행차는 서도로 납시고 중국에 구원병을 청구했는데, 석성이 때마침 병부상서가 되어서 혼자 힘으로 싸워서 구원하게 하고 또 먼저 군기와 화약을 원조하도록 하여 우리나라가 다시 나라꼴이 된 것도 모두 석 상서의 힘이며, 홍공도 광국光國 공신으로 당릉군唐陵君으로 봉하여졌다.」 그 손자 효손孝孫이 숙천부사가 되었다.

〈이상은 서부〉

대사동大寺洞

즉 탑절동[塔寺洞]이다. 옛날 원각사圓覺寺가 있었고 지금도 돌탑이 있다. 자세한 것은 고적편에 기재되었다.

정승 신만申晩의 집이 이 동리에 있는데, 즉 이율곡李栗谷의 옛날 살던 집이라 한다. 이 동리에서 서편으로 넘어서 전의감동典醫監洞에 조그마한 골짜기 이름이 청석동靑石洞인데, 즉 옛날 청성靑城부원군 김석주金錫胄가 살던 집이 여기에 있었으므로 청성과 청석이 음이 비슷해서 잘못 전한 것이라 한다.

죽창한화竹窓閑話에 보면 「정승 이완李浣이 대사동에 집을 새로 지었는데, 죽은 뒤 20년 만에 민종도閔宗道가 살았다 한다. 뜰 안에 이 정승이 심은 배나무가 있는데, 민씨가 살고부터는 전연 배가 열리지 않더니만 갑술년 뒤에 그 서손庶孫이 도로 그 집에 살고부터 배가 결실했다」 한다.

삼청동三淸洞

북악산 밑 진장방鎭長坊에 있다. 옛날 삼청도관三淸道觀이 여기에 있었으므로 동명이 되었다 하고 혹은 산 맑고 물 맑고 사람 맑다 해서 삼청이라 한다고 한다. 샘물이 흐르고 석벽이 있는데, 석벽에 삼청동문三淸洞門이라는 넉 자를 새겼다. 감사 이상겸李尙謙의 글씨며, 상겸이 이 동리에 세거했다 한다. 동리 입구에 또 노봉老峯 민정중閔鼎重이 살던 터가 있다. 이 동리에 장원서掌苑署가 있었는데, 즉 사육신의 한 분인 매죽당梅竹堂 성삼문成三問의 옛날 살던 집이며, 장원서 뜰 안에 성학사가 심은 솔이 있었는데 30년 전까지도 썩은 나무가 있어서 사람들이 그 나무로 거문고의 재목을 써서 그 거문고는 지금도 세상에 있다 한다.

팔판동八判洞

삼청동 서편에 있다. 옛날 여덟 판서가 살았다고 해서 동명이 된 것이라 한다.

계생동桂生洞

제생원濟生院이 있었으므로 제생동이라 하던 것이 차차 음이 변해져서 계생동이 되었다. 동고東皐 이준경李浚慶의 옛집이 있었다.

맹감사현孟監司峴

북산 밑 재동 접경에 있다. 옛날 문정공文貞公 맹사성孟思誠이 살았으므로 동명이 되었다. 세종 때 정승이다.

무인기문戊寅記聞에 보면「맹사성의 자는 성지誠之이며 관향이 신창新昌이다. 사람됨이 청렴하고 솔직하며 단아하고 묵중해서 상부相府에 있어도 대체만 가지며, 또 천성이 음률音律을 좋아해서 언제나 피리[笛] 하나를 가지고 다니면서 두세 마디씩 불어보며, 사립문을 닫고 손님을 대하지 않으며 공사를 품의稟議하는 사람이 있으면 문을 열고 접대하고, 여름이면 소나무 그늘 밑에 앉아있고 겨울이면 방안에 부들자리를 깔고 앉고, 좌우에는 아무것도 없었다 한다. 공사 일로 온 사람이 돌아가면 곧 문을 잠근다. 공사 일로 오는 사람이 동구에 와서 피리소리가 들리면 공이 있는 줄 안다」한다.

장의동壯義洞

의통방義通坊 육상궁毓祥宮 옆에 있다. 양정재養正齋라는 집이 있는데, 숙종계비 인원왕후仁元王后가 탄생한 곳이다. 청풍계淸風溪가 이 동리에 있으며, 선원仙源 김상용金尙容의 옛집이 있고, 태고정太古亭이 있고, 선원의 사당에는 늠연당凜然堂이라는 현판이 있다. 청풍계 위 바위에 〈대명일大明日月월, 백세청풍百世淸風〉이라는 여덟 글자가 새겨 있다. 대은암大隱岩은 즉 옛날 남곤의 집터이며, 이 바위 옆에 행랑채 집 하나가 있는데 귀봉龜峰 송익필宋翼弼이 출생한 곳이라고 그 행랑채가 지금도 있어서 요새 사람들도 널리 알고 있다. 또 송강松江 정철鄭澈과 청송聽松 성수침成守琛의 옛날 살던 집이 있다. 이 동리 안에 수각水閣이 있었다.

그러므로 임경任璟이 지은 현호쇄담玄湖瑣談에 보면 「서파西坡 오도일吳道一은 관향이 해주이며 충정공忠貞公 윤겸允謙의 손자인데, 어릴 때 어린이 패를 따라서 장동 수각에서 놀고 있었다. 여럿의 이름 있는 벼슬아치들이 모여서 도일의 얼굴을 보고 "뉘집 아이냐?" 물은즉, 대답하기를 "나는 추탄楸灘(오윤겸의 호)의 손자입니다. 어르신네가 추탄을 모르십니까?" 하였다. 여러 사람들이 맹랑하게 여기고 "네가 시를 지을 줄 아느냐?" 한즉 도일이 대답하기를 "술 한 대접 마시면 지을 수 있겠습니다." 하기에 곧 술잔을 들어주며 석 삼三자의 운자를 부르니 즉시 화답하기를 "다락머리에 오정일은 취해서 누웠고, 소나무 밑에서 유도삼(모인 사람의 성명)은 시를 읊는다[樓頭醉臥吳挺一, 松下吟詩柳道三]." 하였다. 여러 사람들이 "어른의 이름을 가지고 시를 짓는 것이 잘못이라"고 꾸짖으니 대답하기를 "오정일과 유도삼이 모여서 삼자三字 운을 내니 안 그러고 어찌합니까?" 하였다. 그래서 좌석이 모두 놀랐다. 또 글귀 하나가 있는데, 〈구름은 구의산에서 시름했으매 달은 천고에 밝았고, 물은 삼상강이 찼으매 만리가 가을이다[雲愁九疑月千古, 水爲三相秋萬里].〉라 하여서 송곡松谷 조복양趙復陽이 크게 기이하게 여겨서 마침내 사위로 골랐다」 한다.

백운동白雲洞

인왕산 밑에 있다.

여지승람에 보면 「중추부사 이염의李念義가 옛날에 살았고 영종의 부마 월성위月城尉 김한진金漢鎭의 궁집도 이 동리에 있었다. 이 궁에 능소화凌霄花가 있어서 6·7월 사이에 자주빛, 누런빛 꽃이 피어서 늙은 소나무에 덩굴로 올라갔다. 또 북솔재[北松峴]에 있는 두실斗室 심상규沈象奎의 집에도 능소화가 있었다」 한다.

원동院洞

창덕궁 요금문曜金門 밖에 있다. 촌은村隱 유희경劉希慶이 옛날에 살던 곳이다. 그 집터가 뒤에 창덕궁 담장 안으로 들어갔다. 지금 내각 뒤뜰 안에 있는 늙은 전나무가 즉 희경이 심은 것이라 한다.

하담荷潭 김시양金時讓이 지은 부계기문涪溪記聞에 보면 「성 안에 홍계관리洪繼寬里가 있다. 즉 개국 초기에 장님 점쟁이 홍계관이 점 잘 치기로 유명해서 그대로 동리 이름이 되었다」 했다. 세종 때 홍윤성洪允成이 젊어서 곤궁하여 홍계관에게 가서 운명을 물은즉 계관이 산통을 빼어 보고 오랜만에 꿇어앉아서 하는 말이 "극히 귀하게 될 운명입니다. 그런데 아무 해 아무 달에는 당신이 꼭 형조판서가 될 것이며, 그때 제 자식 아무개가 죽을 옥사에 걸릴 것이오니 부디 살려주소서." 한다. 윤성이 깜짝 놀라서 승낙도 못하고 말았는데 십년이 되지 않아서 익대翊戴공신으로 월등해서 형조판서가 되었다. 하루는 죄수를 국문하는데 죄수가 홍계관의 아들이라 하여 전의 일을 기억하고 석방하였다 한다.

누각동樓閣洞

인왕산 밑에 있다. 연산 때 누각을 지었던 곳이므로 지금도 이 근처에 서리胥吏들이 많이 살고 있고 사대부들은 살지 않는다. 또 야족와也足窩가 사직동 곁에 있는 시가의 이름이다. 옛날 어떤 사람이 스스로 호를 〈야족와〉라 하고 이 동리에 살았다. 또 요새 북산 밑 육각재[六角峴]에 어떤 집이 있는데 원장이 심히 길고 꽃나무를 많이 심어서 사람들이 〈만리장성집〉이라 한다.

〈이상은 북부〉

유관구허柳寬舊墟

홍인문 밖에 하정夏亭 유관柳寬의 옛날 집이 있다.

서거정이 지은 필원잡기筆苑雜記에 보면 「하정 유정승의 처음 이름은 관觀이며 자는 경부敬夫라 하고 관향은 문화이며 고려 때 유명한 신하 유공권柳公權의 6세손이었다. 세종 때 청렴결백하기로 한세상 유명하였다. 집을 홍인문 밖에 초옥 수간을 짓고 가난해서 지붕을 해마다 덮을 수가 없어서 비 오는 날에는 방안에서 우산을 들고 비를 피하였다. 그리고 부인에게 "우산 없는 집이 많을 텐데 그런 집들은 어떻게 비를 피하는가?" 하고 걱정하였다」 한다. 이때 사국史局을 금륜사金輪寺에 설치하였는데, 이 절은 성 안에 있어서 공이 역사를 편수하는데 간단한 모자와 지팡이 짚고 도보로 혹은 심부름하는 젊은이들을 데리고 시를 읊으면서 왕래하였다 한다. 사람들이 그 아량에 굴복하였다 한다. 금륜사는 지금 없어졌다.

왕심리枉尋里

홍인문 밖 십리 지점에 있다. 전래하는 말이 중 무학이 서울 도성될 곳을 물색하는데 잘못 찾아서 여기에 왔으므로 동명이 되었다. 이곳 논에는 살고 있는 백성들이 미나리를 심어서 생업으로 하는데 이곳 미나리가 제일 맛이 좋다.

종암鐘岩

홍인문 밖에서 그리 멀지 않는 곳에 있고, 이 부근에 있는 벼논이 기름지고 살지므로 세상에서 좋은 토지를 말할 때에는 꼭 종암 논을 친다.

박동량朴東亮이 지은 기재잡기寄齋雜記에 보면 「서평西平부원군 문정공文靖公 한계희韓繼禧는 정승 상경尙敬의 아들이며, 상당上黨부원군 명회明澮의 재종형이다. 한 당내에서 부와 귀가 혁혁하였으되 서평만은 혼자 청렴을 지켜서 조석으로 나물밥을 먹어서 늙어서는 더욱 심하였다. 하루는 문회를 상당의 집에서 열었는데 좌중에서 모두 말하기를 "서평은 나이가 벌써 많은데 살림이 간구하니 어떻게 도와줄 방법이 없을까요?" 하니 상당의 말이 이것은 나의 책임이라 하고 아이를 불러서 종이와 붓을 가져오게 하여 책 한 권을 만들어 여러 일족들 중 좌석에 참례한 사람의 이름을 쭉 쓰고 위에는 서평의 청렴하고 간솔한 덕망을 서술하고 다음에는 한韓씨 문중이 구조하지 못한 실책을 쓰고 끝에는 하지 않은 물건으로 정리에 맞지 않다는 말을 쓰고, 홍인문 밖 종암 밑에 있는 벼논 열석지기를 바친다고 문서를 썼다. 이래서 노소가 모두 일어나서 춤을 추고 취한 몸을 붙들고 밤에 각기 돌아다녔다. 일문의 충후한 마음씨라 할 수 있다」 하였다.

청파靑坡

숭례문 밖에 있다. 역시 논에 미나리를 많이 심는다. 전래한 말이 숭례문 현판은 임진왜란 때에 없어졌는데, 그 뒤에 청파동에서 서기가 뻗치어 이상히 여겨 파보니 현판이 나와 다시 붙였다 한다.

송경현誦經峴

숭례문 밖에 있다. 한음漢陰 이덕형李德馨의 옛날 집이 있다.

자연암紫燕岩

숭례문 밖에 있다. 효자인 소격서참봉昭格署參奉 이지남李至男의 집 정려각旌閭閣이 있다. 한 집안에 충신·효자·효녀·절부節婦·열녀 합해서 여덟 사람의 홍살문이 있다. 인조 때 사액賜額(왕의 친필로 쓴 현판)한 〈효자삼세孝子三世〉가 대문에 걸려있다. 세상에서 〈연안 이씨 팔홍문집[八紅門家]〉이라 한다.

임당林塘

숭례문 밖에 있다. 즉 정승 정유길鄭惟吉의 옛집이며 이 임당으로 당호를 하였다.

추모동追慕洞

소의문昭義門 밖에 있다. 즉 차동車洞인데 숙종계비 인현왕후 민씨가 탄생한 집터가 있다. 영종 37년에 어필로 〈인현왕후 탄강구기仁顯王后誕降舊基〉라는 여덟 자를 새겨서 비를 세웠다.

차동에는 모당慕堂 홍이상洪履祥이 세거하던 집이 있다. 봉사손이 살고 있는 종가는 13대째인데 안채 40간이 심히 굉장하다. 옛날 집 제도는 모두 방이 적고 청이 많아서 대개 옛날에는 노인이 되어야 온돌에 거처하게 되고 젊은이는 모두 청에서 자게 되므로 이렇게 되었다.

약전재 [藥田峴]

약봉藥峰 서성徐渻의 옛집이 있다. 지금도 종손이 세거해 살고 있다. 이 재는 옛날 내국內局(어약 쓰는 관청)에서 약초를 심던 터인데, 지금은 그 토지의 도세만 받는다.

아현鵝峴

도암陶菴 이재李縡의 옛집이 있다. 취백당翠白堂이라는 현판이 있다. 귀락당歸樂堂의 옛날 터는 취백당 위에 있는데, 즉 도암의 숙부 판서 이만성李晩成의 옛날 집이 있던 곳이다. 이전에 도암의 후손에게 들은즉 「청 앞에 자그마한 연못이 있는데, 도암공이 한 번은 꿈에 용 한 마리가 그 연못에 놀고 있고 작은 물고기 새끼만한 용의 새끼가 못 가운데 그득해서 헤아릴 수 없을 만큼 많았다. 그래서 그 연못을 양룡지養龍池라 하였으며, 후원에는 밭이 두어 이랑 있었는데, 또 공의 꿈에 아름다운 옥돌이 밭 가운데서 나와 옥의 싹이 무성한 것을 보고 깬 뒤에 이상히 여겨서 꿈속에 옥싹이 올라오던 곳을 봉해서 종옥전種玉田이라 이름하였다. 그 옆에 있는 밭에는 지금껏 씨앗을 심으며, 자손들이 혹 때로 그 연못을 수축修築하면 과거에 급제하는 경사가 생긴다」 한다.

만리재 [萬里峴]

남대문 밖에 있다. 즉 개국 초기의 최만리崔萬里가 살던 곳이다. 요새 사람들이 보통 〈만리재〉라 한 것은 아무 뜻이 없다.

이 만리재와 애고개[阿峴]는 서대문과 남대문 사이의 문 밖에 있다. 경도잡지京都雜誌에 보면 정월 보름날 애고개 사람들이 돌팔매로 만리재 위에서 서로 편싸움을 했다 한다. 보통 말하기를 남문, 서소문, 서대문 편에서 이기면 경기도 안에 풍년이 들고 애고개에서 이기면 각도 지방이 풍년이 든다 한다. 용산과 마포의 악소년들은 애고개를 도와서 싸움이 한창 벌어질 때에는 고함소리가 지축을 울리면서 이마를 깨고 팔을 삐어도 후회하지 않는다. 해당되는 남부와 서부에서 여러 번 금지해도 성중에 있는 뭇 어린이들이 옛날 습속을 배워서 보름이 되면 돌팔매질을 하게 되므로 행인들이 이것을 꺼리어서 길을 돌아가기도 한다.

또 당서唐書 고려전高麗傳에 보면 「매년 정초에 패수浿水[3]의 상류에 모여서 물과 돌로 치고 던져서 서로 달리고 쫓기를 두세 번 하고 그친다」 하였다. 이것이 우리나라 풍속으로 석전石戰하는 시초가 되었으며, 요새 와서는 〈편싸움〉이라 하나 이런 장난은 차차 전과같이 성행되지는 않는다.

고마청동雇馬廳洞

돈의문敦義門(즉 서소문) 밖 경기감영[4] 곁에 있다. 현종 때 화곡華谷 이경억李慶億이 경기감사가 되어 우관郵館 여섯 곳을 창설하고 역마가 대기하게 하며, 또 고마법雇馬法[5]을 창설하였으므로 동명을 이렇게 불렀다.

절재節齋 김종서金宗瑞의 옛날 살던 집이 돈의문 밖에 있었으며, 또 심정沈貞의 집터도 도저동桃諸洞에 있었다.

서대문 밖 원교圓嶠 밑에 청성靑城부원군 심덕부沈德符의 옛날 집이 있었다. 전래한 말로는 중 무학이 잡은 터라 한다. 처음 정할 때에 「원교의 밑과 청파靑坡의 위에 자손이 연면連綿하고 복록이 장구할 곳에 집을 잡았다」 했다.

〈이상은 성 밖〉

---

3 지금의 대동강
4 지금 적십자 병원 자리
5 역마(驛馬) 이외에 민간의 말을 징발하여 쓰던 법.

시전市廛

성 안의 종루·배고개[梨峴]·남대문 밖 칠패七牌·팔패가 제일 큰 저자이며, 종루 양길 옆에 긴 낭간廊間을 쭉 늘여 짓고 저자 사람들이 살고 있다.

육주비전[六矣廛]

대표되는 전방이 여섯이 있는데 이것을 〈육주비전〉이라 한다.

○ 면전綿廛—서서 물건을 판다고 해서 선전[立廛]이라고도 한다. 중국의 금단을 파는 곳이다. 백분에 십분의 세를 낸다.

○ 면주전綿紬廛—토산의 명주를 판다. 팔분의 세를 낸다.

○ 포전布廛—토산의 면포를 판다. 오분의 세를 낸다.

○ 청포전靑布廛—중국의 삼승포三升布와 토산의 마포·저포·양모자羊帽子를 판다. 삼분의 세를 낸다.

○ 지전紙廛—각색의 종이를 판다. 칠분의 세를 낸다.

○ 어물전魚物廛—내외의 어물전이 있다. 각종 건어乾魚를 판다. 내전은 종루 옆에 있으며 외전은 서소문 밖에 있다. 사분의 세를 낸다.

연초전煙草廛

보통 절초전切草廛이라 한다. 서초西草와 각종 담배를 판다. 오분의 세를 낸다.

상전床廛

성 내에 13곳이나 된다. 피물·말총·황납黃蠟·각색·실과·서책·휴지 등 잡물을 목판 위에 벌려놓고 팔므로 상전이라 한다. 바늘은 동상전東床廛에만 사서 팔고 있다. 금부 망문望門 앞에 있는 상전에는 삼분의 세를 내며, 새 상전에는 이분의 세를 내고 동상전과 수진방 상전에는 □분의 세를 내고, 포전 앞 상전·철물교 상전·필동 상전·남대문 상전·소금전과 병문屛門 앞 상전·정동 상전·구리개 상전은 모두 세가 없다.

싸전[米廛]

싸전은 다섯 곳인데 각종 곡식을 판다. 아래위 싸전에는 각 삼분세를 내고 문밖의 싸전은 이분세이며, 서강과 삼개 싸전은 세가 없다.

잡곡전雜穀廛

잡곡만 판다. 철물교 서편에 있으며, 삼분의 세를 낸다.

생선전生鮮廛

각종 생선을 판다. 종루의 서편에 있으며, 삼분의 세를 낸다.

유기전鍮器廛

유기와 각종 기명을 판다. 어물전 뒤에 있으며, 이분의 세를 낸다.

옷전[衣廛]

각종 의복을 판다. 종루 곁에 있고, 이분의 세를 낸다.

신전[靴廛]

각색 가죽신을 판다. 각처에 있으며, 기름 절인 가죽신만은 종루 신전에서만 판다. 이분의 세를 낸다.

면화전棉花廛

씨를 빼낸 목화만 판다. 광통교 옆에 있으며, 이분의 세를 낸다.

은국전銀麴廛

술 담그는 누룩을 판다. 빛깔이 흰빛이므로 〈은국〉이라 한다. 갓전[笠廛] 병문屛門(왕의 행차가 있을 때 파수 보는 동리어구)에 있고, 이분의 세를 낸다.

화피전樺皮廛

각종 채색과 중국 과실을 판다. 그런 물건들을 벚나무 껍질에 싸서 가져오므로 〈화피전〉이라 한다. 종루거리 동편에 있으며, 일분의 세를 낸다.

진사전眞絲廛

각색 당사唐絲와 우리나라 실들과 갓끈·띠·끈 같은 것을 판다. 금부의 곁에 있고, 일분세를 낸다.

자리전[茵席廛]

용수석龍鬚席과 안식案息(등에 기대거나 팔을 두는 기구) 등의 물건을 판다. 수진방에 있으며 일분세를 낸다.

체계전髢髻廛

보통 다리(즉 월자·요새·가발용 같은 것)전이다. 그리고 부인들의 머리 장식품을 판다. 내전은 광통교에 있고, 외전은 서소문 밖에 있다. 일분세를 낸다.

꿀전[清蜜廛]

벌꿀을 판다. 보통 꿀을 〈청〉이라 한다. 배고개에 있고, 일분세를 낸다.

경염전京鹽廛

서해에서 구은 소금을 판다. 서울과 가장 가까운 곳이므로 〈경염〉이라 한다. 역시 배고개에 있다.

내장목전內長木廛

집 재목을 판다. 또 외장목전은 성 밖 각처에 있다. 일분의 세를 낸다.

연죽전烟竹廛

각종 담뱃대와 설대를 판다. 각처에 있고, 일분세를 낸다.

시저전匙箸廛

숟가락과 젓가락을 판다. 내전은 종루거리에 있고, 외전은 서소문 밖에 있다. 일분세를 낸다.

말전 [馬廛]

말필을 판다. 보통 조랑말들이고 준총마駿驄馬는 없다. 동대문 안에 있고 일분세를 낸다.

이상의 각전은 모두 평시서平市署에 소속되어 있다. 수를 적당하게 정해서 국가의 과세課稅에 응하고 있다. 십분부터 일분까지가 모두 37전인데, 국가의 역사가 있을 때마다 십분전은 십분 부역을 하고 일분전은 일분 부역에 응한다. 궐내의 모든 상급관청에서 수리하고 도배하거나 물건을 만드는 군사들은 분수에 따라서 부역을 하게 된다.

또 상고해보면 개국 초기에는 경복궁 신무문神武門 밖에 저자를 개설하여서 고려 때의 궁궐 뒤에 저자 두는 제도를 따르려 했으나, 위치가 협착해서 시행하지 못하였다. 지금의 주단紬緞·종이·포목 같은 큰 전은 모두 종루거리 양 옆에 있는데 저자로 모이는 사람들은 새벽에는 배고개와 소의문 밖에 모이고, 낮에는 종루거리에 모이며, 동부의 채소와 칠패의 생선을 장안에 공급한다. 또 남촌에는 술을 잘 담그고 북촌에는 떡을 잘 만들므로 모두 말하기를 〈남촌술 북촌떡〉이라 한다.

과일전 [果廛]

보통 〈구석전〉이라 한다. 당초에 중요한 도로변 구석에 설치했으므로 〈구석전〉이란 이름이 되었다. 각종 과일을 판다. 큰 전이 여섯 곳이나 있다. 송현松峴·정동貞洞·전동典洞과 문 밖, 아래, 위 세 곳이다.

경도잡지에 보면 「배가 좋은 것은 추향秋香이란 것인데 황해도 황주·봉산에서 올라오고, 감은 월화月華니 소원小圓이니 하는 것인데 경기도의 남양과 안산에서 올라오며, 귤과 유자는 모두 남방에서 산출되고 서울에서는 분盆에 석류를 키운다. 복숭아는 털이 없는 것을 승도僧桃라 하고, 털이 있고 크며 일찍이 익고 붉은 것을 유월도六月桃라 한다. 울릉도鬱陵島 가운데는 큰 복숭아가 많은데 그 씨를 심은 것을 울릉도鬱陵桃라」 한다.

채소전菜蔬廛

각종 채소를 판다. 종루와 남대문 밖 칠패에 있다. 그런데 동대문 밖 왕심리와 살꽂이벌의 무[菁根]와 훈련원 밭의 배추와 남대문 밖 청파의 미나리를 제일품으로 여긴다.

세물전貰物廛

혼인과 초상, 장사의 모든 기구를 빌려 주는데, 삯돈은 십전에 지나지 않으며 각처에 있다.

잡전雜廛

우산, 양산, 엮은발, 횃불 등 잡물을 팔고, 혜정교惠政橋 곁에 있다.

양태전[凉臺廛]

갓을 만드는 대[竹]와 양태를 판다. 서소문 밖에 있다. 양태는 통영서 짠, 가는 것으로 상품을 삼으며, 또 신랑들이 쓰는 노란 초립草笠을 파는 초립전은 종루 곁에 있다.

전립전氈笠廛

소털과 전립을 판다. 내전은 유전교有廛橋에 있고, 외전은 돈의문 밖에 있다.

망건전網巾廛

머리를 싸는 말총으로 만든 망건을 판다. 그 전을 보는 사람은 아침에는 서소문 밖에 있고, 낮에는 종루 곁에 있다.

도자전刀子廛

방물전이라고도 하는데, 옷고름에 차는 작은 장도와 담배함이며 부녀들이 차는 장식품과 금과 은으로 만든 가락지, 반지, 비녀 같은 것을 판다. 거의가 종루거리에서 노점을 펴고 있다.

분전粉廛

연지와 분을 판다. 여자 장수가 판다. 내전은 종루거리에 있고, 외전은 서소문 밖에 있다.

잡철전雜鐵廛

각종 쇠붙이 물건들을 판다. 각처에 있다.

칠목기전漆木器廛

각색 옻칠한 나무그릇과 옷장, 옷궤 같은 것을 판다. 역시 장전欌廛이라고도 한다. 장이란 것은 중국 제도의 세워 두는 궤이다. 장은 꼭 3·4층 서랍이 있으며, 무늬 있는 나무로 만들거나 혹은 색지로 바른다. 광통교에 있다. 또 목기전木器廛이 있는데, 나무상, 소반, 나무농, 키, 고리 같은 것을 판다. 하나는 육조거리 앞에 있고, 하나는 배고개에 있는 것을 웃전, 아랫전이라고도 한다.

자기전磁器廛

도자기를 파는데, 종루거리와 남대문 밖에 있다. 또 세기전貰器廛이 있어서 연회할 때 쓰는 상, 그릇 같은 것을 빌려주고 세를 받는다. 종루거리에 있다.

등전鐙廛

즉 마상전馬上廛이라고도 하는데, 말안장, 등자, 굴레 같은 것을 판다. 광통교에 있다.

화저전靴底廛

보통 창전昌廛이라고 하는데 가죽신 밑에 대는 신창을 판다. 입전동笠廛洞에 있다.

미투리전 [繩鞋廛]

생삼, 숙마의 미투리와 짚신을 판다. 각처에 있다.

전촉전箭鏃廛

각종 화살과 살촉을 판다. 동대문 안에 있다.

현방懸房

소를 잡아서 파는 집이다. 고기를 달아서 판다고 현방이라 한다. 도성 안팎에 모두 23곳이나 있다. 모두 성균관의 노복들로 고기를 팔아서 생계를 하게하고, 세처럼 바치는 고기로 태학생들의 반찬을 이어 가게 한다.

생치전生雉廛과 건치전

생선전 병문에 있다.

닭전[鷄廛]

광통교에 있으며, 계란전도 그 곁에 있다.

저육전猪肉廛

여러 곳에 있는데, 국상 때 이 전을 보는 사람들로 방상씨方相氏(가면을 쓰고 잡귀·잡신을 쫓는 직책)를 하게 한다.

백당전白糖廛

엿과 사탕을 판다. 각처에 있으며, 아동들이 목판에 메고 다니면서 팔기도 한다.

좌반전佐飯廛

간생선 젓 같은 반찬들을 판다. 각처에 있다.

종자전種子廛

각종 채소 종자를 판다. 각처에 있다.

식해전[醢廛]

각종 식해를 판다. 남대문 밖에 있다.

고초전藁草廛

지붕을 덮는 볏집 날개와 울타리 할 파자笆子들을 판다.

초물전草物廛

삼노, 칡매끼, 속새, 갈대 같은 것을 판다. 서소문 밖에 있으며, 또 형파전荊杷廛에 있다.

상고해보면 이상 각전은 모두 나누어서 일정한 국가의 부역이 없다. 건재약을 파는 약국은 모두 구리개銅峴[1] 좌우에 쭉 벌려 있다. 그리고 각처에 흩어져 있는 것은 문 위에나 옆에 꼭 신농유업神農遺業이니 만병회춘萬病回春이니 하는 글귀를 써 붙이고, 창문이 길거리에 있는 곳은 꼭 갈대발을 드리워 놓았다.

또 염전국染靛局은 여러 곳에 있는데, 청대꽃에 손바닥 자국을 박아서 표를 했다. 정유貞蕤 박제가朴齊家의 성시전도시城市全圖詩에 보면 「갈대발 가운데 앉은 사람 일없이 한가한 듯 앉아서 천궁川芎(약명)이니 백지白芷(약명)니 하며, 알기 쉬운 염전국은 청대꽃에 손바닥 박아 있네[葦編中人頗似閒, 坐稱川芎與白芷, 易知難忘染靛局, 滿壁靛花搨掌指]」라는 글귀가 이것이다.

중종 13년에 중국의 예를 따라서 책 파는 집을 성중에 설치하고, 소격서에서 쓰던 유기와 없어진 사찰의 종을 모아서 공사公私의 서적을 불구하고 활자를 만들어서 책을 박아낸 것이 심히 장한 일이었다. 그러나 큰 서점이 없는 것이 결점이었다. 또 성 안에 소용되는 불 땔 나무는 경강京江 상류와 하류에 있는 나무장수들이 배로 운반해서 강둑에 내려두면, 성 안

1 지금 을지로 1 · 2가

에 사는 사람이 매일 가서 져다가 이익을 붙여서 생계를 한다. 또 성 근처 사람들은 소나 말에 싣고 직접 성 안에 들어와서 판다. 한 바리 값은 한 냥 안팎을 넘지 않는다.

해 제

解題

〈한경지략漢京識略〉은 책 이름 그대로 조선시대 서울의 모습이다. 여기에는 먼 옛날의 삼국시대, 즉 고구려·백제·신라 시대 이래의 연혁沿革과 형승形勝이 소상하게 수록되어 있다. 또 여기에는 조선 개국 이래 전성시대의 양상을 다음에 열거한 21부문으로 나누어 도합 547개소의 방대한 곳의 그 위치·유래·주관관사主管官司 등 하나하나에 얽힌 전설과 미담까지도 각 문헌을 고증해서 빠짐없이 재미있게 설명하였다.

그 21 부문이란 다음과 같다.

천문·연혁·형승·성곽·궁궐·단유壇壝·묘전廟殿·사묘祠廟·원유苑囿·궁실宮室·궐내각사闕內各司·궐외각사闕外各司·역원驛院·교량橋梁·고적古蹟·산천山川·정천井泉·명승名勝·각동各洞·시전市廛.

이 책의 원저자인 유본예柳本藝는 당시 규장각 검서관檢書官을 지냈다. 그는 자기의 서문序文에서도 말했듯이 일찍이 중국에서는 상고시절이던 한漢나라 때부터 근대인 송宋나라에 이르기까지 그 나라마다의 국도國都에 대한 자세한 것을 기록하여 그 전성시대의 면모面貌를 알 수가 있게 하고, 또 우리나라에 있어서도 서긍徐兢이 지은 고려도경高麗圖經에 의해서 고려 왕경王京의 편모片貌나마 엿볼 수가 있으나, 조선왕조가 개국한 이래 440여 년 동안의 서울에 대한 사지史志가 없는 것을 항상 한탄해 왔었다.

저자는 여기에 뜻을 두고 자기가 가지고 있는 관직과 가정의 환경을 최대한으로 이용하여 국가 전고典故에서 국도에 대한 문헌을 하나하나 뽑아내고, 또 혹은 고로古老들에게 물어서, 이것을 총정리 하여 만들어 낸 것이 바로 이 〈한경지략〉인 것이다. 이것을 저자는 겸손하게 지략識略이라고 이름했지만, 서울에 대한 문헌으로 이보다 집대성集大成된 것은 없다.

저자의 가계家系는 문화 유씨文化柳氏의 명문名門이다. 그의 집안은 대대로 벼슬이 계승되었으며, 특히 그의 아버지 혜풍惠風 유득공柳得恭은 이덕무李德懋·박제가朴齊家·서이수徐理修와 함께 당시 규장각의 사검서관四檢書官으로 유명하였다. 또 이 중에서 서이수를 제외하고 이서구李書九와 함께 당시의 사시가四詩家로도 유명하였다. 그의 시문은 중국서 한객건연집韓客巾衍集을 출판하여 당시 온 천하에 이름을 떨쳤고 우리나라 서울의 옛날 풍속을 기술한, 유명한 경도잡지京都雜誌도 바로 그의 저술이었다.

한경지략의 원본은 찾아볼 수가 없었다. 작고한 가람 이병기李秉岐씨에게 부본副本인 필사본筆寫本이 소장되어 있어서 서울 시사편찬위원회에서 이것을 영인하여 비매품으로 몇 권 나왔었다.

역자는 이것을 대본臺本으로 해서 번역하였다. 하지만 이것은 오자誤字가 있고, 심지어는 연대·인명까지도 잘못된 것이 있었다. 이런 것은 역자의 아는 범위 안에서 시정하여 보았다. 원본에 간지干支만 나와 있는 것은 모왕某王 모년某年으로 했고, 또 호號만 쓴 것은 모두 이름까지 밝혔으며, 여기에 인용된 문헌의 책 이름도 그 저자까지 밝혀서 읽는 이의 편의를 도모하였다.

더구나 탐구당探求堂에서 당시의 수선전도首善全圖, 즉 서울 지도를 책머리에 붙여서 현대 명소와 비교한 것은 금상첨화라 할 수 있다.

우리는 우리가 살고 있는 우리나라 서울에 대한 지식을 갖지 않을 수 없다. 여기에서 역자는 감히 이 책을 우리 서울에 대한 유일한 문헌으로 소개하는 바이다. 독자 여러분의 질정叱正 있으시기를 빈다.

1973년 9월

와우산 서재에서

눌인訥人 권태익 씀

부 록

감고당(感古堂): 종로구 율곡로3길 50(안국동 37-1) 덕성여자중고등학교 본관 서북편

경기감영(京畿監營): 서대문 네거리에 있는 적십자 병원 자리

경모궁(景慕宮): 서울대학교 의과대학 구내

경우궁(景祐宮): 종로구 계동의 현대그룹 본사 자리. 전 휘문중고등학교 터. 1896년에 인사동으로 옮김.

관상감(觀象監): 종로구 원서동 206번지 현대그룹 본사 일부

광흥창터(廣興倉址) : 마포구 창전동 446-5 와우산 서강초등학교 앞

국사당(國祠堂): 지금의 남산 팔각정 터. 일제 강점기에 인왕산으로 옮김.

군기시(軍器寺): 중구 태평로 서울신문사 자리

군자감터(軍資監址) : 용산구 만리재로 근처로 추정 (전 광명인쇄사 자리)

권율 옛터(權慄舊基): 서대문구 행촌동 선바위 밑

균역청(均役廳): 중구 퇴계로 173 (극동빌딩 화단, 전 일신초등학교 터)

금위영(禁衛營): 종로구 종로1길 50 (매일유업 본사 자리, 전 국악원 자리)

낙천정(樂天亭): 광진구 자양로3가길 43 (강변 현대아파트 자리)

남관왕묘(南關王廟): 용산구 한강대로 후암시장 부근. 한국전쟁 때 소실.

남별궁(南別宮): 중구 소공로 112 (조선호텔 주차장 부근)

남별영(南別營) · 남소영(南小營): 중구 장충단 내

남학 옛터(南學舊址): 중구 필동1가 24번지 (남산 한옥마을 앞)

도정궁(都正宮): 선조탄생지. 사직터널 길에 편입

독도(纛島): 뚝섬

독서당(讀書堂): 성동구 독서당로 187 (옥수 극동아파트 부근)

동관왕묘(東關王廟): 종로구 난계로27길 84

동악시단(東岳詩壇): 동국대학교 내

동평관(東平館): 중구 마른내로 81 (인현 어린이 공원 부근)

동빙고(東氷庫): 성동구 독서당로40길 21 (옥수동 미타사 부근)

동적전(東籍田): 동대문구 제기동 일대

동학 옛터(東學舊址) : 종로구 종로6가 62번지

동호독서당(東湖讀書堂): 성동구 옥수동 살꽂이다리 북쪽 기슭

두모포(豆毛浦): 성동구 옥수동 동호대교 북단

망원정(望遠亭); 마포구 동교로8안길 23

명례궁(明禮宮): 덕수궁

문수암(文殊庵): 북한산 비봉에서 백운대로 가는 길에 있었으나 한국전쟁 때 소실 후 문수사로 재건

봉상시(奉常寺): 종로구 새문안로3길 15

북관왕묘(北關王廟): 종로구 혜화로 63 (서울과학고등학교 내)

사복시(司僕寺): 종로구 삼봉로 33 (현 종로구청, 전 수송초등학교 터)

사육신묘(死六臣墓): 동작구 노량진로 191 (현재 공원 조성)

사한단(司寒壇): 독서당로40길 21 (동빙고 터 부근)

삼선평(三仙坪): 성북구 돈암동 일대

새남터(舊刑場): 용산구 이촌로 80—8

서학 옛터(西學舊址) : 중구 태평로1가 62번지

서활인서(西活人署): 마포구 아현동 아현중학교 부근

선농단(先農壇): 동대문구 무학로44길 38 (공원으로 조성)

선잠단(先蠶壇): 성북구 성북동 64—1

선혜청(宣惠廳): 중구 남대문시장4길 28—16

선희궁(宣禧宮): 종로구 궁정동 육상궁(毓祥宮) 내

성삼문 옛터(成三問舊址): 종로구 북촌로5나길 7 부근(화동 23번지)

세종탄강지(世宗誕降地): 종로구 자하문로9길(통인동 137번지) 부근

소공동(小公洞): 세종의 둘째 딸 경정공주의 집. 지금의 조선호텔 자리

수진궁(壽進宮)・용동궁(龍洞宮): 종로구 수송동 51—8번지

안동별궁(安洞別宮): 종로구 율곡로3길 4 (안국동 풍문여고 경내)

연희궁(衍禧宮): 조선왕조 제2세 정종이 퇴위 후 거처하던 곳. 지금의 연세대학교 경내

영도교(永渡橋): 청계천 7가와 8가 중간에 위치

영도사(永導寺): 성북구 안암동 소재 개운사

염초청(焰硝廳:) 중구 청계천로 218(방산동 4-88)

영희전 옛터(永禧殿舊址,세조의 의숙공주宅): 중구 수표로 27(저동2가 62-1) 중부경찰서 터

와서지(瓦署址): 중앙대학교 용산병원 자리

용양봉저정(龍驤鳳翥亭): 지금의 용봉정. 동작구 본동 용봉정 근린공원.

운현궁(雲峴宮): 종로구 삼일대로 464

육상궁(毓祥宮): 종로구 궁정동

밤섬(栗島): 서강 앞. 여의도 개발과 함께 폭파. 현재 남아있는 부분은 다시 퇴적된 것.

이순신 생가 터: 중구 마른내로 47(초동 18-5)

이타원(異他院): 외국귀화인거류지. 지금의 용산구 이태원

입암(立岩,선바위): 종로구 통일로18가길 26 석불각

자수궁(慈壽宮): 종로구 필운대로 68(옥인동 45-1)

잠실동(蠶室洞): 송파구 잠실동

장악원(掌樂院): 중구 을지로66(을지로2가 181). 일제 때 동양척식회사가 있었고, 후에 내무부가 있었음.

장의사(藏義寺): 종로구 세검정로9길 1 세검정초등학교

저경궁(儲慶宮): 남대문로 39(남대문로3가 110)

저자도(楮子島): 잠실대교 건너 택지

전관목장(箭串牧場): 성동구 살꽂이다리 일대

정업원(淨業院): 종로구 숭인동 청룡사

제천정(濟川亭): 용산구 서빙고로 413(한남동 805)

전생서터(典牲署址): 용산구 후암로4길 70(후암동 370)

전환국(典圜局): 중구 세종대로 55(태평로2가 150)

조지서(造紙署): 종로구 세검정로 267(신영동 199-3)

종루(鍾樓): 지금의 보신각

종현(鍾峴): 지금의 명동성당

중학 옛터(中學舊址): 종로구 중학동 83

진흥왕순수비(眞興王巡狩碑): 비봉에 있던 것을 박물관으로 옮겼음.

창의궁 옛터(彰義宮舊址): 종로구 효자로19(통의동 35-23)

천연정(天然亭): 서대문구 통일로 165(천연동 13-1)

청학동(青鶴洞): 회현동 전 해군본부 부근

청송당터(聽松堂址): 종로구 자하문로 136(청운동 89-3)

청녕공주택(青寧公主宅): 중구 을지로4가 310번지 전 국도극장 부근

탕춘대(湯春臺): 종로구 신영동 136-9 세검정초등학교 부근

태고정터(太古亭址): 종로구 청운동 양로원 부근

태평관(太平館): 중구 세종대로9길 20(태평로2가 120)

토정(土亭): 마포구 토정길32길 11(토정동 138)

통정(樋井): 동대문역사문화공원. 예전 서울(동대문)운동장 둑 속에 묻혔음.

필운대(弼雲臺): 종로구 배화여자중고등학교 후정

하도감(下都監): 동대문역사문화공원. 전 서울(동대문)운동장 야구장 터

혜민서(惠民署): 중구 을지로2가 108-1

화양정 옛터(華陽亭舊址): 광진구 화양동 110-32. (전 능동골프장 들어가는 길목. 능동골프장은 현재 어린이대공원이 됨)

환구단(圜丘壇): 중구 조선호텔 안

후조당(後凋堂,권남의 옛집): 회현동 전 해군본부

훈련원(訓練院): 중구 을지로 245(을지로6가 18-79). 전 서울운동장(동대문운동장) 제2운동장.

홍제원(弘濟院): 사신의 숙소. 서대문구 통일로 416(홍제동 137-25)

한경지략

초판발행 ∥ 1973년 10월 25일
개정초판 1쇄발행 ∥ 2016년 8월 30일

지은이 ∥ 유본예
옮긴이 ∥ 권태익
펴낸이 ∥ 홍정수
펴낸곳 ∥ 탐구당
등록 ∥ 1950. 11. 1 서울 제03-00993호
주소 ∥ 서울특별시 용산구 한강대로62 나길 6
대표전화 ∥ 02-3785-2211
팩시밀리 ∥ 02-3785-2272
홈페이지 ∥ www.tamgudang.co.kr
전자우편 ∥ tamgudang@paran.com

값 15,000 원

ISBN 978-89-6499-030-8
978-89-6499-018-6 (세트)

이 도서의 국립중앙도서관 출판시도서목록(CIP)은
서지정보유통지원시스템 홈페이지(http://seoji.nl.go.kr)와
국가자료공동목록시스템(http://www.nl.go.kr/kolisnet)에서 이용하실 수 있습니다.
(CIP제어번호: CIP2016018255)